普通高等教育"十一五"国家级规划教材配套用书

建筑设备安装识图与施工工艺
习 题 集

汤万龙 主编
胡世琴 主审

中国建筑工业出版社

图书在版编目（CIP）数据

建筑设备安装识图与施工工艺习题集/汤万龙主编. —北京：中国建筑工业出版社，2011.4
普通高等教育"十一五"国家级规划教材配套用书
ISBN 978-7-112-13192-1

Ⅰ.①建… Ⅱ.①汤… Ⅲ.①房屋建筑设备-建筑安装工程-识图-习题集②房屋建筑设备-建筑安装工程-工程施工-习题集 Ⅳ.①TU8-44

中国版本图书馆CIP数据核字（2011）第070659号

《建筑设备安装识图与施工工艺》是全国高职高专教育土建类专业教学指导委员会规划推荐教材、普通高等教育"十一五"国家级规划教材。

为使教材建设更趋完善，更有利于学生学习，新疆建设职业技术学院组织编写了《建筑设备安装识图与施工工艺习题集》。习题集紧贴教材，突出重点，与设备工程图的识读与施工工艺相结合，具有很强的针对性和实用性。

为更好地支持相应课程的教学，我们向采用《建筑设备安装识图与施工工艺》作为教材的教师提供教学课件，有需要者可与出版社联系，邮箱：cabpkejian@126.com。

* * *

责任编辑：张　晶
责任设计：董建平
责任校对：陈晶晶

普通高等教育"十一五"国家级规划教材配套用书
建筑设备安装识图与施工工艺习题集
汤万龙　主编
胡世琴　主审

*

中国建筑工业出版社出版、发行（北京西郊百万庄）
各地新华书店、建筑书店经销
霸州市顺浩图文科技发展有限公司制版
北京市书林印刷有限公司印刷

*

开本：787×1092毫米　1/16　印张：8　字数：192千字
2011年8月第一版　2017年8月第五次印刷
定价：**18.00**元
ISBN 978-7-112-13192-1
（20602）

版权所有　翻印必究
如有印装质量问题，可寄本社退换
（邮政编码 100037）

前 言

《建筑设备安装识图与施工工艺》是一门实践性很强的课程，是高职高专工程造价专业的主干课程。该教材是全国高职高专教育土建类专业教学指导委员会规划推荐教材、普通高等教育"十一五"国家级规划教材，由新疆建设职业技术学院汤万龙教授、刘玲副教授主编。

为使教材建设更趋完善，更有利于学生学习，新疆建设职业技术学院组织编写并制作了与该教材配套的习题集、教学课件等系列学习辅助资料。

《建筑设备安装识图与施工工艺习题集》紧贴教材，突出重点，与设备工程图的识读与施工工艺相结合，具有很强的针对性，是一部实用的教学辅助用书。

本习题集由多名有丰富教学经验的教师参加编写。具体分工是：

主　编：汤万龙

参　编：第一章、第二章　　郭　翔；
　　　　第三章、第四章、第六章　宋新梅；
　　　　第五章、第七章　马存瑞；
　　　　第八章、第九章、第十一章、第十五章　张　军
　　　　第十章、第十二章、第十三章、第十四章　齐　斌

主　审：胡世琴

由于作者水平有限，敬请各位读者提出宝贵意见。

目 录

第一章　暖卫及通风工程常用材料 ································· 1
　第一节　暖卫工程常用管材及管件 ································· 1
　第二节　暖卫工程常用附件 ··· 2
　第三节　通风空调工程常用材料 ···································· 2
第二章　供暖系统安装 ··· 4
　第一节　供暖系统的组成及分类 ···································· 4
　第二节　室内供暖系统的系统形式 ································· 4
　第三节　室内供暖系统的安装 ······································· 5
　第四节　辅助设备安装 ·· 6
　第五节　散热器的安装 ·· 6
　第六节　地面辐射供暖 ·· 7
　第七节　室外供热管道的安装 ······································· 8
　第八节　室内燃气管道的安装 ······································· 9
第三章　给水排水系统的安装 ··· 10
　第一节　室内给水系统的分类及组成 ····························· 10
　第二节　室内给水系统的给水方式 ································ 10
　第三节　室内热水供应系统 ··· 10
　第四节　室内给水系统管道安装 ··································· 11
　第五节　室内消防给水系统安装 ··································· 12
　第六节　建筑中水系统安装 ··· 13
　第七节　室内排水系统的安装 ······································ 14
　第八节　室外给水排水管道安装 ··································· 17
第四章　管道系统设备及附件安装 ··································· 19
　第一节　离心式水泵安装 ·· 19
　第二节　阀门、水表和水箱安装 ··································· 20
　第三节　管道支架安装 ··· 21
第五章　通风空调系统的安装 ··· 23
　第一节　通风空调系统的分类及组成 ····························· 23
　第二节　通风空调管道系统的安装 ································ 23
　第三节　通风空调系统设备的安装 ································ 25
　第四节　通风空调系统的调试 ······································ 26
　第五节　通风空调节能工程施工技术要求 ······················· 27

第六章 管道防腐与绝热保温 …… 29
第一节 管道防腐 …… 29
第二节 管道绝热保温 …… 29

第七章 暖卫通风工程施工图 …… 31
第一节 暖卫工程施工图 …… 31
第二节 通风空调工程施工图 …… 35

第八章 电气工程常用材料 …… 38
第一节 常用导电材料及其应用 …… 38
第二节 常用绝缘材料及其应用 …… 40
第三节 常用安装材料 …… 41

第九章 变配电设备安装 …… 42
第一节 建筑供配电系统的组成 …… 42
第二节 室内变电所的布置 …… 43
第三节 变压器的安装 …… 43
第四节 高压电器的安装 …… 44
第五节 低压电器的安装 …… 46
第六节 变配电系统调试 …… 46

第十章 配线工程 …… 48
第一节 槽板配线 …… 48
第二节 线槽配线 …… 48
第三节 塑料护套线配线 …… 49
第四节 导管配线 …… 50
第五节 电缆配线 …… 51
第六节 母线安装 …… 52
第七节 架空配电线路 …… 54

第十一章 电气照明工程 …… 55
第一节 电气照明基本线路 …… 55
第二节 电气照明装置安装 …… 56
第三节 配电箱的安装 …… 58
第四节 配电与照明节能工程施工技术要求 …… 58

第十二章 电气动力工程 …… 60
第一节 吊车滑触线的安装 …… 60
第二节 电动机的安装 …… 60
第三节 电动机的调试 …… 61

第十三章 防雷与接地装置安装 …… 62
第一节 接地和接零 …… 62
第二节 防雷装置及其安装 …… 62
第三节 接地装置的安装 …… 63

第十四章	智能建筑系统	65
第一节	共用天线电视系统	65
第二节	其他智能建筑系统	65
第十五章	建筑电气工程施工图	67
第一节	电气工程施工图	67
第二节	智能建筑电气工程施工图	70
第三节	变配电工程图	72
习题集参考答案		75
第一章	暖卫及通风工程常用材料	75
第二章	供暖系统安装	76
第三章	给水排水系统的安装	79
第四章	管道系统设备及附件安装	85
第五章	通风空调系统的安装	87
第六章	管道防腐与绝热保温	89
第七章	暖卫通风工程施工图	91
第八章	电气工程常用材料	93
第九章	变配电设备安装	97
第十章	配线工程	101
第十一章	电气照明工程	106
第十二章	电气动力工程	110
第十三章	防雷与接地装置安装	112
第十四章	智能建筑系统	114
第十五章	建筑电气工程施工图	116

第一章　暖卫及通风工程常用材料

第一节　暖卫工程常用管材及管件

一、填空题

1. 在给水、排水、采暖等管道工程中常用的金属管材有：焊接钢管、铝塑管、＿＿＿＿、＿＿＿＿和＿＿＿＿五种。
2. 焊接钢管俗称水煤气管，按其表面是否镀锌可分为镀锌钢管又称＿＿＿＿、非镀锌钢管又称＿＿＿＿。
3. 无缝钢管的直径规格用＿＿＿＿表示，单位是＿＿＿＿。

二、判断题（正确的打"√"，错误的打"×"）

1. 塑料管与铸铁管相比，具有强度高、重量轻、内外表面光滑、容易加工和安装的优点，但耐腐蚀性能差，价格较高。（　　）
2. 排水铸铁管只有承插式的接口形式。（　　）
3. 暖卫及通风工程常用各种管道的直径表示方法均采用公称直径 DN 表示。（　　）
4. 焊接钢管的规格有：$DN15$、$DN20$、$DN25$、$DN35$、$DN40$ 等。（　　）
5. 给水铸铁管件与无缝钢管管子的连接均采用螺纹连接。（　　）
6. 无缝钢管管件与管道的连接采用焊接。（　　）
7. 给水硬聚氯乙烯管和高密度聚乙烯管，均可用于室内外输送水温不超过 60℃ 的冷热水。（　　）
8. 铝塑管常用外径等级为 $D14$、$D16$、$D20$、$D25$、$D32$、$D40$ 等共 11 个级别。（　　）
9. 一般建筑用冷、热水铜管的规格尺寸用公称直径表示，单位为厘米。（　　）
10. 给水用铝塑管的连接采用螺纹连接。（　　）
11. 给水硬聚氯乙烯管和给水高密度聚乙烯管化学表达式分别是 HDPE 和 PVC-U。（　　）

三、单项选择题（将正确答案的序号填入括号内）

1. 低压流体输送用镀锌焊接钢管的管径哪一组是正确的？（　　）
   A. 20　25　30　　B. 40　50　60　　C. 80　90　100　　D. 100　125　150
2. 当焊接钢管、无缝钢管、铜管的管径 $DN>$（　　）时采用焊接连接。
   A. 40mm　　B. 50mm　　C. 32mm　　D. 25mm
3. 螺纹连接适用于 $DN\leqslant$（　　）的镀锌钢管，以及较小管径、较低压力焊接钢管、硬聚氯乙烯塑料管的连接和带螺纹的阀门及设备连接管的连接。
   A. 80mm　　B. 32mm　　C. 100mm　　D. 150mm
4. 管件中起封堵管道末端作用的是（　　）。
   A. 管帽　　B. 三通　　C. 180°弯头　　D. 管卡

四、多项选择题（将正确答案的序号填入括号内）

1. 暖卫工程常用的铸铁管分为（　　）。
   A. 给水铸铁管　　B. 特殊铸铁管　　C. 一般铸铁管　　D. 排水铸铁管
2. 焊接钢管按钢管壁厚不同可分为（　　）。
   A. 普通钢管　　　B. 加厚管　　　　C. 一般钢管　　　D. 薄壁管
3. 室内给水系统常用管材有（　　）。
   A. 混凝土管　　　B. PVC 管　　　　C. 铸铁管　　　　D. 焊接钢管
4. 焊接钢管管件中的焊接弯头有（　　）。
   A. 30°焊接弯头　B. 45°焊接弯头　C. 60°焊接弯头　D. 90°焊接弯头

第二节　暖卫工程常用附件

一、填空题

1. 减压阀用于＿＿＿＿＿、＿＿＿＿＿的管道上。
2. 暖卫工程中的附件是指在管道及设备上的用以＿＿＿＿＿分配介质流量压力的装置。

二、判断题（正确的打"√"，错误的打"×"）

1. 球阀按连接方式分为内螺纹球阀、法兰球阀、对夹式球阀。（　　）
2. 控制附件不包括球阀。（　　）

三、单项选择题（将正确答案的序号填入括号内）

1. 当管道或设备内的介质压力超过规定值时，启闭件（阀瓣）自动排放，低于规定值时自动关闭，对管道和设备起保护作用的阀门是（　　）。
   A. 安全阀　　　　B. 底阀　　　　　C. 球阀　　　　　D. 浮球阀
2. 安全阀有（　　）式。
   A. 波纹管　　　　B. 脉冲　　　　　C. 浮球阀　　　　D. 双金属片

四、多项选择题（将正确答案的序号填入括号内）

1. 控制附件中由阀杆带动启闭件作绕垂直于管路的轴线转动 90°即为全开或全闭的有（　　）。
   A. 闸阀　　　　　B. 旋塞阀　　　　C. 球阀　　　　　D. 浮球阀
2. 截止阀按连接方式分为（　　）。
   A. 螺纹截止阀　　　　　　　　　　B. 承插连接截止阀
   C. 法兰截止阀　　　　　　　　　　D. 卡套式截止阀
3. 控制附件中由阀杆带动启闭件作升降运动而切断或开启管路的有（　　）。
   A. 闸阀　　　　　B. 升降式止回阀　C. 球阀　　　　　D. 截止阀

第三节　通风空调工程常用材料

一、填空题

1. 通风空调工程中常用型钢有＿＿＿、＿＿＿、＿＿＿和＿＿＿。
2. 通风空调工程常用风管材料有＿＿＿管材和＿＿＿管材。

3. 垫料主要用于风管之间、风管与设备之间的_____，用以保证接口的_____。

二、判断题（正确的打"√"，错误的打"×"）

1. 垫圈有平垫圈和弹簧垫圈，用于保护连接件表面免遭螺母擦伤，防止连接件松动。（　）

2. [20，即表示槽钢的高度为200mm。（　）

3. 角钢按边的宽度不同有等边角钢和不等边角钢。其规格以边宽×边宽×厚度表示。（　）

三、单项选择题（将正确答案的序号填入括号内）

硬聚氯乙烯板又称为（　　）。

A. 玻璃钢　　B. 塑料复合钢　　C. 铝合金板　　D. 硬塑料板

四、多项选择题（将正确答案的序号填入括号内）

通风空调工程中常用的风管材料有（　　）等。

A. 铝合金板　　B. 普通薄钢板　　C. 塑料复合钢板　　D. 铸铁管

第二章 供暖系统安装

第一节 供暖系统的组成及分类

一、填空题

1. 供暖系统主要由_____、_____和_____三部分组成。
2. 水温不高于100℃的热水叫_____，水温高于100℃叫_____。

二、判断题（正确的打"√"，错误的打"×"）

高温水供暖系统宜用于工业厂房内，设计供回水温度为（110～130℃）/（70～80℃）。（　　）

三、单项选择题（将正确答案的序号填入括号内）

凡热介质平等地分配到全部散热器，并从每组散热器冷却后，直接流回供暖系统的回水（或凝结水）立管中，这样的布置称为（　　）。
A. 水平串联系统　　B. 多管系统　　C. 单管系统　　D. 双管系统

四、多项选择题（将正确答案的序号填入括号内）

1. 供暖系统按作用范围的大小分为（　　）。
   A. 区域供暖系统　　B. 集中供暖系统　　C. 局部供暖系统　　D. 单体供暖系统
2. 供暖系统按散热器连接的供回水立管分为（　　）。
   A. 三管系统　　B. 双管系统　　C. 多管系统　　D. 单管系统
3. 热水供暖系统按循环动力不同可分为（　　）。
   A. 自然循环系统　　B. 开式循环系统　　C. 闭式循环系统　　D. 机械循环系统

五、名词解释

单管系统

第二节 室内供暖系统的系统形式

一、填空题

1. 高层建筑热水供暖系统的_____式系统可避免楼层过多时双管系统产生的垂直失调现象。
2. 蒸汽供暖系统是利用蒸汽凝结时放出的_____来供暖的。

二、判断题（正确的打"√"，错误的打"×"）

上供上回式系统在每组散热器的出口处，除应安装疏水器外，还应安装止回阀（　　）。

三、单项选择题（将正确答案的序号填入括号内）

1. 容易出现远冷近热现象的系统是（　　）。

A. 双管系统　　B. 同程式系统　　C. 异程式系统　　D. 局部供暖系统
2. 在高压蒸汽供暖系统中，系统供汽管和凝结水干管均设于系统上部的是（　　）。
　　A. 单管系统　　　　　　　　　B. 上供下回式系统
　　C. 上供上回式系统　　　　　　D. 双管系统局部供暖系统

四、多项选择题（将正确答案的序号填入括号内）

1. 热水供暖水平式系统的优点是（　　）。
　　A. 管路简单　　　　　　　　　B. 管子穿楼板少
　　C. 空气排除较麻烦　　　　　　D. 易于布置膨胀水箱
2. 当前我国高层建筑热水供暖系统的常用系统形式有（　　）。
　　A. 单双管混合式系统　　　　　B. 水平垂直管混合式系统
　　C. 分层式系统　　　　　　　　D. 水平双线式系统

五、名词解释

同程式系统

第三节　室内供暖系统的安装

一、填空题

1. 管道穿越基础、墙和楼板时，应配合土建_____。
2. 穿墙套管应采用_____套管，两端与墙饰面平齐。
3. 供暖系统入口需穿越建筑物基础，因此应_____。
4. 系统的水压试验规定：蒸汽、热水供暖系统，应以系统顶点工作压力加_____MPa做水压试验，同时在系统顶点的试验压力不小于_____MPa。
5. 供暖系统的水压试验规定：使用塑料管及复合管的热水供暖系统，应以系统点工作压力加_____MPa做水压试验，同时在系统顶点的试验压力不小于_____MPa。

二、判断题（正确的打"√"，错误的打"×"）

1. 焊接钢管的连接，管径不大于32mm，应采用螺纹连接；管径大于32mm采用焊接。（　　）
2. 散热器支管的坡度应为10‰，坡向应有利于排气和泄水。（　　）
3. 方形补偿器应水平安装，并与管道的坡度相反。（　　）
4. 当供暖热媒为110～130℃的高温水时，管道可拆卸件应使用长丝和活接头，不得使用法兰连接。（　　）
5. 穿越楼板的立管，应加设钢套管，穿越卫生间、盥洗间、厕所间、厨房间和楼梯间等易积水房间的套管上端应高出装饰地面50mm。（　　）
6. 供暖管道的最高点与最低点应设排气阀和放水阀。（　　）
7. 焊接钢管管径大于32mm的管道转弯，须使用专用补偿器。（　　）
8. 供暖总立管的安装位置应正确，穿越楼板应现场开凿孔洞。（　　）
9. 水压试验检验方法：使用钢管及复合管的供暖系统应在试验压力下10min内压力降不大于0.02MPa，降至工作压力后检查，应不渗不漏。（　　）
10. 水压试验检验方法：使用塑料管的供暖系统应在试验压力下1h内压力降不大于

0.05MPa，然后降压至工作压力的 1.15 倍，稳压 2h，压力降不大于 0.03MPa，同时各连接处不渗不漏。（　　）

三、单项选择题（将正确答案的序号填入括号内）

1. 室内供暖管道采用 PP-R（无规共聚聚丙烯）管时，应采用（　　）。
   A. 丝扣连接　　　B. 管件连接　　　C. 焊接连接　　　D. 热熔连接
2. 散热器支管长度大于（　　）时，应在中间安装管卡或托钩。
   A. 1.0m　　　　　B. 1.2m　　　　　C. 1.5m　　　　　D. 2.0m

第四节　辅助设备安装

一、填空题

1. 集气罐一般是用直径 _____ mm 的钢管焊制而成的。分为 _____ 和 _____。
2. 手动排气阀适用于公称压力 $P\leqslant$____ kPa，工作温度 $t\leqslant$____ ℃的热水或蒸汽供暖系统的散热器上。
3. _____ 用来截留、过滤管路中的杂质和污物，保证系统内水质洁净，防止管路 _____。

二、判断题（正确的打"√"，错误的打"×"）

集气罐一般设于热水供暖系统供水干管或干管始端的最高处。（　　）

第五节　散热器的安装

一、填空题

1. 散热器按传热方式又可分为 _____ 型和 _____ 型。
2. 散热设备有 _____、_____ 和 _____ 三类。
3. 低温热水地板辐射供暖系统安装时，盘管在隐蔽前必须做水压试验，试验压力为工作压力的 _____ 倍，但不小于 _____ MPa。检验方法是稳压 1h 内压力降不大于 _____ MPa 且不渗不漏。
4. 暖风机是由 _____、_____ 和 _____ 组成的联合机组。
5. 暖风机可分为 _____ 和 _____ 两种。
6. 散热器安装在外窗台下，其中心必须与设计安装位置的中心重合，允许偏差为± _____ mm。

二、判断题（正确的打"√"，错误的打"×"）

1. 铸铁散热器特点是金属耗量小，承压能力较低，制造、安装和运输劳动繁重。（　　）
2. 铝制柱翼散热器具有耐腐蚀，重量轻，热工性能好，使用寿命长，外形美观的特点。（　　）
3. 柱形散热器如挂装，应用中片组装，如采用落地安装，每组至少 2 个足片，超过 14 片时应用 3 个足片。（　　）

4. 散热器组对用的对丝、丝堵和补芯均是反丝。（　　）

三、单项选择题（将正确答案的序号填入括号内）

热水辐射供暖地板是以不高于（　　）℃的热水作热媒，供回水温差不高于（　　）℃。

A. 60　10　　　　B. 100　20　　　　C. 50　10　　　　D. 40　10

四、多项选择题（将正确答案的序号填入括号内）

1. 钢制散热器具有（　　）等优点。

　　A. 承压能力高　　B. 体积小　　C. 重量轻　　D. 外形美观

2. 热水辐射供暖地板的加热管采用（　　）。

　　A. 交联铝塑复合管（XPAP）　　B. 交联聚乙烯管（PE-X）

　　C. 聚丁烯管（PB）　　D. 无规共聚聚丙烯管（PP-R）

3. 散热器组对所需的材料有（　　）。

　　A. 对丝　　B. 汽包垫片　　C. 丝堵　　D. 补芯

五、简答题

简述散热器的试压与防腐。

第六节　地面辐射供暖

一、填空题

1. 地面辐射供暖分为_____地面辐射供暖和_____地面辐射供暖。

2. 低温热水地面辐射供暖系统材料包括_____、_____、_____及其连接管件和绝热材料等。

3. 加热管应按设计图纸标定的管间距和走向敷设，管间距应大于_____，不大于_____。

4. 发热电缆指以供暖为目的、通电后能够发热的电缆，由_____、_____和_____组成。

二、判断题（正确的打"√"，错误的打"×"）

1. 在加热管或发热电缆的铺设区内，严禁穿凿、钻孔或进行射钉作业。（　　）

2. 地面辐射供暖系统未经调试，严禁运行使用。（　　）

3. 发热电缆必须有接地屏蔽层。（　　）

4. 发热电缆的冷热导线接头应安全可靠，并应满足至少 30 年的非连续正常使用寿命。（　　）

5. 埋设于填充层的加热管可以有接头。（　　）

三、单项选择题（将正确答案的序号填入括号内）

1. 加热管与分水器、集水器连接，应采用卡套式、卡压式挤压加紧连接，连接件宜为（　　）材料。

　　A. 钢质　　B. 铜质　　C. 铸铁　　D. 塑料

2. 连接在同一分水器、集水器上的同一管径的各回路，其加热管的长度（　　）。

A. 宜相等　　　　B. 不宜相等　　　C. 宜接近　　　　D. 宜不接近

四、多项选择题（将正确答案的序号填入括号内）

1. 新建住宅低温热水地面辐射供暖系统，应设置（　　）和（　　）装置。
　　　A. 分户热计量　　B. 压力表　　　　C. 温度控制　　　D. 流量计
2. 加热管的布置宜采用（　　）。
　　　A. 回折型　　　　B. 平行型　　　　C. 折角型　　　　D. 曲线型
3. 发热电缆出厂后严禁（　　），有（　　）的发热电缆严禁敷设。
　　　A. 剪裁　　　　　B. 外伤　　　　　C. 破损　　　　　D. 拼接

五、简答题

1. 简述分水器、集水器的安装要求。
2. 简述低温热水系统的水压试验过程及要求。
3. 简述发热电缆温控器的安装要求。

第七节　室外供热管道的安装

一、填空题

1. 通行地沟的净高不小于＿＿＿ m，净通行宽度不小于＿＿＿ m，人在地沟内可直立行走。
2. 供热管网的管材应按设计要求：管径不大于40mm时，应采用＿＿＿＿；管径为50~200mm时，应采用焊接钢管或＿＿＿＿；管径大于200mm时，应采用＿＿＿＿。
3. 供热系统的热水管道及凝结水管道在最低点设＿＿＿＿，在最高点设＿＿＿＿。
4. 补偿器有＿＿＿＿、＿＿＿＿、＿＿＿＿、＿＿＿＿、＿＿＿＿等五种形式。

二、判断题（正确的打"√"，错误的打"×"）

1. 用疲劳极限高的不锈钢板制成的波形补偿器，其工作温度在450℃以下。（　　）
2. 套筒式补偿器由套管和插管、密封填料三部分组成。（　　）
3. 室外供热管道不可利用管道的自然转弯进行补偿。（　　）
4. 供暖系统的补偿器均应设在检查井中。（　　）

三、单项选择题（将正确答案的序号填入括号内）

各种补偿器在安装时，其两端必须安装（　　）。
　　　A. 活动支架　　　B. 固定支架　　　C. 导向支架　　　D. 滑动支架

四、多项选择题（将正确答案的序号填入括号内）

1. 室外供热管道的敷设方式有（　　）。
　　　A. 架空敷设　　　B. 直埋敷设　　　C. 紧贴地面敷设　　D. 地沟敷设
2. 室外供热管道架空敷设按支架的高低可分为（　　）。
　　　A. 高支架　　　　B. 次高支架　　　C. 中支架　　　　D. 低支架
3. 地沟按人在地沟内通行情况可分（　　）等形式。
　　　A. 直埋　　　　　B. 通行地沟　　　C. 半通行地沟　　D. 不通行地沟

五、简答题

简述供热系统试压及检验方法。

第八节 室内燃气管道的安装

一、填空题

1. 燃气按来源不同,分为_____、_____和_____三类。
2. 民用建筑室内燃气管道供气压力,公共建筑不得超过_____,居住建筑不得超过_____。
3. 低压燃气管道宜采用_____或_____螺纹连接;中压管道宜采用_____焊接连接。
4. 燃气引入管穿墙前设金属_____接头或_____。
5. 燃气表安装必须平正,下部应有_____;皮膜式燃气表背面距墙净距为_____。

二、判断题(正确的打"√",错误的打"×")

1. 住宅燃气引入管应尽量设在厨房内,有困难时也可设在走廊或楼梯间、阳台等便于检修的非居住房间内。(　　)
2. 室内燃气干管不得穿过防烟楼梯间、电梯间及其前室等房间,但可以穿越烟道、风道、垃圾道等处。(　　)
3. 燃气立管宜明设,也可设在便于安装和检修的管道竖井内,但应符合要求。(　　)
4. 室内燃气支管应明设,敷设在过厅或走道的管段须装设阀门和活接头。(　　)
5. 灶具的软管长度不得超过1.5m,且中间须设有接头和三通分支。(　　)
6. 室内燃气室内管道采用焊接钢管或无缝钢管时,应除锈后刷两道防锈漆。(　　)

三、多项选择题(将正确答案的序号填入括号内)

1. 敷设在(　　)的燃气管道宜采用无缝钢管焊接连接。
   A. 燃气引入管 B. 地下室、半地下室和地上密闭房间内的管道
   C. 管道竖井和吊顶内的管道 D. 屋顶和外墙敷设的管道
2. 室内燃气干管不得穿过(　　)。
   A. 卧室 B. 防火墙 C. 外墙 D. 内墙

四、简答题

简述室内燃气管道的试压、吹扫过程。

第三章 给水排水系统的安装

第一节 室内给水系统的分类及组成

一、填空题

1. 建筑内部给水系统根据用途一般可分为_____、_____、_____三类。
2. 室内给水由引入管经_____管、_____管引至_____管，到达各配水点和用水设备（按顺序填写）。

二、简答题

建筑内部给水系统由哪几部分组成？

第二节 室内给水系统的给水方式

一、填空题

1. 气压给水设备按气压水罐的形式分类，有_____和_____两种。
2. 气压给水设备按罐内压力变化情况分类，有_____和_____两种。
3. 气压给水设备由_____、_____、_____和_____四部分组成。

二、判断题（正确的打"√"，错误的打"×"）

1. 气压给水设备中的空气压缩机的工作压力按略大于 P_{max} 选用。（   ）
2. 由于变压式气压给水设备的工作压力波动较大，宜选用 DA 型多级泵和 W 系列等 Q-H 特性曲线较陡的离心式水泵。（   ）

三、简答题

1. 简述建筑内部给水系统常用的给水方式及其适用范围和特点。
2. 简述气压给水装置的工作过程。

第三节 室内热水供应系统

一、填空题

1. 集中热水供应系统一般由_____、_____和_____三部分组成。
2. 热水系统按循环管道的情况不同，可布置成_____、_____和_____三个系统。

二、单项选择题（将正确答案的序号填入括号内）

某住宅热水供应系统只供淋浴与盥洗用水，不供洗涤盆用水时，配水点最低水温可不低于（   ）。

A. 60℃   B. 50℃   C. 45℃   D. 40℃

三、简答题

建筑内部热水供应系统按作用范围大小可分为哪几类？各有何特点？

第四节 室内给水系统管道安装

一、填空题

1. 地下室或地下构筑物外墙有管道穿过的应采取防水措施，对有_____要求的建筑物，必须采用_____套管。

2. 给水及热水供应系统的金属管道立管管卡安装应符合规定，楼层高度不高于_____，每层不得小于1个；管卡安装高度，距地面应为_____，2个以上管卡应均匀安装，同一房间管卡应安装在同一_____上。

3. 给水管道穿过墙壁和楼板时，应设置金属套管或_____套管，安装在楼板内的套管，其顶部应高出装饰地面_____。

4. 给水引入管穿越_____、墙体和楼板时，应及时配合土建做好_____孔洞及_____。

5. 引入管预留孔洞的尺寸或钢套管的直径应比引入管直径大_____，引入管管顶距孔洞或套管顶应大于_____。

6. 给水支管的安装一般先做到卫生器具的_____处，以后管段待_____安装后再进行连接。

7. 塑料管穿屋面时必须采用_____套管，且高出屋面不小于_____，并采取严格的防水措施。

8. 安装螺翼式水表，表前与阀门应有不小于_____倍接口直径的直线管段，表外壳距墙表面净距为_____；水表进水口中心标高按设计要求，允许偏差为_____。

二、判断题（正确的打"√"，错误的打"×"）

1. 敷设引入管时，其坡度应不小于0.003，坡向室内。（ ）
2. 引入管不得由基础下部进入室内或穿过建筑物。（ ）
3. 采用直埋敷设时，埋深应符合设计要求，当设计无要求时，其埋深应大于当地冬季冻土深度，以防冻结。（ ）
4. 当给水干管布置在不供暖房间内，并有可能冻结时，应当保温。（ ）
5. 给水管道的清洗应在水压试验合格后，分段对管道进行清洗，当设计无规定时，以出口的水色和透明度与入口处相一致为合格。（ ）
6. 生活给水管道在交付使用前必须消毒，应用含有20~30mg/L游离氯的水充满系统浸泡24h，再用饮用水冲洗。（ ）
7. 室内给水管道的水压试验必须符合设计要求，当设计未注明时，各种材质的给水管道系统试验压力均为工作压力的1.5倍，但不得小于0.6MPa。（ ）

三、单项选择题（将正确答案的序号填入括号内）

1. 冷热水管道垂直平行安装时热水管应在冷水管（ ）。

    A. 前方   B. 左侧   C. 右侧   D. 后方

2. 塑料管道穿墙壁、楼板及嵌墙暗装时，应配合土建预留孔槽，其尺寸设计无规定时，预留孔洞尺寸宜比管外径大（　　）。
   A. 50～150mm　　B. 100～150mm　　C. 200mm　　D. 50～100mm
3. 给水水平管道应有（　　）的坡度，坡向泄水装置。
   A. 5‰～10‰　　B. 2%～5%　　C. 2‰～5‰　　D. 1%～3%
4. 给水及热水供应系统的金属管道立管的安装时，管卡安装高度，距地面应为（　　）m，同一房间管卡安装应安装在同一高度上。
   A. 0.9～1.0　　B. 1.0～1.5　　C. 1.5～1.8　　D. 任意高度

四、简答题

1. 安装室内给水明装管道时，在直线、曲线和弯管部分应注意哪些事项？
2. 室内生活给水、消防给水及热水供应管道安装的一般程序是什么？
3. 简述给水立管的安装方法及注意事项。
4. 简述给水塑料复合管水压试验的步骤。

第五节　室内消防给水系统安装

一、填空题

1. 自动喷水灭火系统管材应采用_____，当 DN _____时应采用螺纹连接；当 DN _____或管子与设备、法兰阀门连接时应采用法兰连接。
2. 消火栓箱如设置在有可能冻结的场合，应采取相应的_____措施。
3. 当消防管道穿越的楼板为非混凝土、墙体为非砖砌体时，所设套管与穿越管之间的环形间隙应用_____填充。
4. 室内消火栓系统安装完成后应取_____和_____试验消火栓，两处消火栓应做_____试验，达到设计要求为合格。
5. 自动喷水灭火系统水平敷设的管道应有_____坡度，坡向泄水点。
6. 自动喷水灭火系统当喷头的公称直径小于10mm时，应在配水管上安装____。
7. 报警阀应安装在明显且便于操作的地方，距地面高度宜为_____，两侧距墙不应小于0.5m，正面距墙应不小于1.2m，安装报警阀的室内地面应有_____设施。
8. 室内消防管道的管材应采用_____、_____。
9. 室内消火栓的直径规格有_____和_____两种。
10. 消火栓箱按水龙带的安置方式有_____、_____、_____和_____四种。
11. 消火栓箱的安装方式有_____、_____、_____三种。
12. 消防水泵接合器有_____、_____和_____三种。
13. 室内消防管道由_____、_____、_____和_____组成。
14. 室内消火栓的常用类型有_____型、_____型、_____型和_____型。
15. 报警阀有_____、_____、_____和_____四种类型。
16. 水流报警装置主要有_____、_____和_____。

二、判断题（正确的打"√"，错误的打"×"）

1. 自动喷水灭火管道穿过沉降缝或伸缩缝，应设置刚性短管。（　　）
2. 管道的套管与管道之间的环形间隙应填充防水材料。（　　）

3. 安装在易受机械损伤处的喷头，应加设喷头防护罩。（　　）
4. 自动喷水灭火系统管道中心与梁、柱、顶棚的距离应满足最小距离规定。（　　）
5. 水流指示器应在管道试压合格前安装。（　　）

三、单项选择题（将正确答案的序号填入括号内）

1. 箱式消火栓的安装应符合下列规定：栓口应朝外，并不应安装在门轴侧；栓口中心距地面为（　　）。
   A. 1.0m　　　B. 1.1m　　　C. 1.2m　　　D. 1.3m
2. 自动喷水灭火系统中的闭式喷头应从每批进货中抽查（　　）且不少于5只，进行严密性能试验。
   A. 1%　　　B. 2%　　　C. 3%　　　D. 4%
3. 自动喷水灭火系统的闭式喷头安装前应做试验，试验压力为（　　）MPa，试验时间不得少于3min，无渗漏、无损伤、无变形为合格。
   A. 1.0　　　B. 2.0　　　C. 3.0　　　D. 4.0
4. 报警阀宜设在明显地点，距离地面高度宜为（　　）。
   A. 1.0m　　　B. 1.1m　　　C. 1.2m　　　D. 1.5m

四、多项选择题（将正确答案的序号填入括号内）

1. 消防水龙带的长度有（　　）。
   A. 10m　　　B. 15m　　　C. 20m　　　D. 25m
2. 室内消火栓是一个带内扣式接头的角形截止阀，其直径规格有（　　）。
   A. DN25　　　B. DN50　　　C. DN65　　　D. DN80
3. 消防水龙带的直径规格有（　　）。
   A. DN50　　　B. DN65　　　C. DN80　　　D. DN100
4. 消防水泵接合器的接口直径规格有（　　）。
   A. DN50　　　B. DN65　　　C. DN80　　　D. DN100
5. 计算消防水枪充实水柱长度时，消防射流与地面的夹角一般取（　　）。
   A. 30°　　　B. 45°　　　C. 60°　　　D. 90°
6. 消防给水管道可用焊接钢管，其连接方式有（　　）。
   A. 螺纹连接　　　B. 焊接连接　　　C. 粘接连接　　　D. 法兰连接
7. 室内消火栓箱的安装方式有（　　）。
   A. 手推式灭火器　　　B. 暗装　　　C. 明装　　　D. 半暗装

五、简答题

1. 多层建筑室内消火栓灭火系统由哪几部分组成？
2. 自动喷水灭火系统的安装顺序是什么？
3. 消火栓给水管道系统的安装顺序是什么？
4. 自动喷水灭火系统由哪些部分组成？有哪些种类？

第六节　建筑中水系统安装

一、填空题

1. 中水管道的_____、_____、_____应安装阀门，并设阀门井，根据需要安装水表。

2. 中水系统是由中水原水的_____、_____、_____和中水供给等工程设施组成的有机结合体。

3. 中水系统的类型有_____、_____和_____等三种。

4. 建筑中水系统由_____、_____、_____等系统组成。

二、单项选择题（将正确答案的序号填入括号内）

1. 当中水高位水箱与生活高位水箱设在同一房间时，其与生活高位水箱之间的净距应（   ）。

  A. 不小于1.5m   B. 不小于2m   C. 大于2m   D. 不大于1.5m

2. 中水管道同生活饮用水管道、排水管道平行敷设时，其水平净距不得小于（   ）。

  A. 0.5m   B. 1.0m   C. 2.0m   D. 1.5m

3. 大便器使用中水冲洗时，宜用（   ）。

  A. 敞开式设备和器具   B. 一般设备和器具
  C. 密闭式设备和器具   D. 任何器具

三、多项选择题（将正确答案的序号填入括号内）

1. 下列关于中水管道安装叙述正确的是（   ）。

  A. 中水管道宜安装在墙体和楼板内，以防泄露污染室内环境

  B. 中水管道与生活饮用水管道、排水管道交叉敷设时，中水管道应位于生活饮用水管道、排水管道的下面

  C. 中水供水管道外壁应涂浅绿色标志

  D. 中水池（箱）、阀门、水表及给水栓均应有"中水"标志

2. 中水系统的原水管道管材常用（   ）。

  A. 钢管   B. 塑料管   C. 铸铁管   D. 混凝土管

四、简答题

1. 简述中水的概念及用途。

2. 结合自己家乡的水资源现状，谈谈中水利用的发展前景。

第七节　室内排水系统的安装

一、填空题

1. 根据所排污、废水的性质，室内排水系统可以分为_____、_____、_____。

2. 一般建筑物内部排水系统由_____、_____、_____、_____、_____五部分组成。

3. 排水管道由排水横管、排水立管、_____、_____与_____等组成。

4. 排水管道清通装置一般指检查口、_____、_____、_____及_____等设备。

5. 排水系统常用的提升设备有_____、_____、_____等。

6. 隐蔽或埋地排水管道在_____前必须做_____试验。

7. 生活污水管道使用_____、_____、_____等管材。

8. 在转角小于135°的污水横管上，应设置_____或_____。
9. 卫生器具按使用功能分为_____、_____、_____、_____四大类。
10. 化粪池应设在室外，外壁距建筑物外墙不宜小于_____，并不得影响建筑物基础；化粪池外壁距室外给水构筑物外壁宜有不小于_____的距离。
11. 污水横管的直线管段，应按设计要求的距离设置_____或_____。

二、判断题（正确的打"√"，错误的打"×"）

1. 两层建筑的排水立管每层都必须设置检查口。（   ）
2. 排水通气管敷设时不得穿越风管或烟道。（   ）
3. 未经消毒处理的医院含菌污水，可以直接排入城市排水管道。（   ）
4. 排出管不宜过长，一般检查井中心至建筑外墙不小于3m，不大于10m。（   ）
5. 卫生器具安装完毕后应做满水和通水试验。（   ）
6. 暗装于管道井内的立管，若穿越楼板处未能形成固定支架时，应每层设置1个固定支架。（   ）
7. 排水主立管应做通球试验，水平管道可以不做通球试验。（   ）
8. 雨水管可以与生活污水管相连接。（   ）
9. 室内雨水管道安装后，应做灌水试验。（   ）
10. 埋地排水管道穿越地下室外墙时，应采取防水措施。（   ）

三、单项选择题（将正确答案的序号填入括号内）

1. 排水塑料管必须按设计要求及位置设伸缩节，当设计无要求时，伸缩节间距不大于（   ）m。
   A. 1.0   B. 2.0   C. 3.0   D. 4.0
2. 检查口中心高度距操作地面一般为（   ）m。
   A. 1.2   B. 1.1   C. 1.0   D. 0.5
3. 在连接2个及2个以上大便器或3个及3个以上卫生器具的污水横管上应设置（   ）。
   A. 检查口   B. 清扫口   C. 地漏   D. 伸缩节
4. 雨水管应做灌水试验，其灌水高度规定为（   ）。
   A. 到±0.00   B. 到雨水斗   C. 2.0m   D. 到地漏
5. 排水横管管径不大于80mm时，预留孔洞尺寸为（   ）。
   A. 300mm×250mm   B. 250mm×200mm
   C. 200mm×200mm   D. 150mm×150mm
6. 饮食业工艺设备引出的排水管及饮用水水箱的溢流管，不得与污水管道直接连接，并应留出不小于（   ）mm的隔断空间。
   A. 100   B. 250   C. 200   D. 150
7. 立管管件的承口外侧与墙饰面的距离宜为（   ）mm。
   A. 10～20   B. 20～50   C. 50～70   D. 70～100
8. 排水支管与横管连接点至立管底部水平距离不得小于（   ）m。
   A. 1.2   B. 1.1   C. 1.5   D. 0.5
9. 管道穿越建筑基础预留孔洞时，管顶上部净空不宜小于（   ）mm。

　　　　A. 100　　　　B. 250　　　　C. 200　　　　D. 150
　　10. 埋地塑料管安装完毕后必须做灌水试验，符合要求后方可回填。回填土每层厚度宜为（　　）m。
　　　　A. 0.2　　　　B. 0.1　　　　C. 0.15　　　　D. 0.3
　　11. 伸顶通气管在最冷月平均气温低于－13℃的地区，应在室内平顶或吊顶以下（　　）m处将管径放大一级。
　　　　A. 0.2　　　　B. 0.3　　　　C. 0.5　　　　D. 0.7
　　12. 非上人屋面，通气管高出屋面不得小于（　　）m，且应大于最大积雪厚度。
　　　　A. 0.2　　　　B. 0.3　　　　C. 0.5　　　　D. 0.7
　　13. 在经常有人停留的平屋面上，通气管口应高出屋面（　　）m，并应根据防雷要求考虑防雷装置。
　　　　A. 1　　　　B. 1.5　　　　C. 1.8　　　　D. 2
　　14. （　　）在穿楼板时不需要套管。
　　　　A. 供暖管道　　B. 排水管道　　C. 给水管道　　D. 燃气管道

四、多项选择题（将正确答案的序号填入括号内）

　　1. 塑料排水立管在底部宜设（　　）。
　　　　A. 清扫口　　B. 检查口　　C. 支墩　　D. 固定设施
　　2. 金属排水管上的吊钩或卡箍的固定件间距：横管及立管应不大于（　　）m。
　　　　A. 1.0　　　　B. 2.0　　　　C. 2.5　　　　D. 3.0
　　3. 通向室外的排水管，穿过墙壁或基础必须下返时，应采用（　　）连接，并应在垂直管段顶部设置清扫口。
　　　　A. 45°三通　　B. 45°弯头　　C. 90°三通　　D. 90°弯头
　　4. 立管与排出管连接，应采用（　　）。
　　　　A. 两个45°弯头　　　　　　　　B. 45°弯头
　　　　C. 曲率半径大于4倍管径的90°弯头　　D. 90°弯头
　　5. 生活污水立管上的检查口应（　　）。
　　　　A. 每一层设置一个　　　　　　　B. 每隔一层设置一个
　　　　C. 在最底层必须设置一个　　　　D. 在有卫生器具的最高层必须设置一个
　　6. 排水铸铁管道承插连接，接口以（　　）填充，用水泥或石棉水泥打口。
　　　　A. 麻丝　　B. 石棉绳　　C. 塑料薄膜　　D. 玻璃布
　　7. 塑料排水立管在（　　）应设置检查口。
　　　　A. 底层　　B. 每层　　C. 楼层转弯时　　D. 最高层
　　8. 塑料排水立管安装前应先按立管布置位置在墙面画线，安装（　　）。
　　　　A. 固定支架　　B. 滑动支架　　C. 支墩　　D. 采取牢固的固定措施

五、名词解释

　　1. 分流制排水系统　　2. 合流制排水系统

六、简答题

　　1. 简述通气管的作用。
　　2. 简述室内排水管道安装程序。

3. 简述卫生器具的安装程序。
4. 卫生器具交工前应做哪些试验？如何检验？

第八节　室外给水排水管道安装

一、填空题
1. 建筑小区给水管道的敷设方式有_____和_____两种。
2. 生活给水管使用镀锌钢管，当 $DN>100$ 时采用_____或_____连接方式。
3. 室外给水管与排水管交叉时，给水管应在排水管_____。
4. 室外给水管道安装完毕后应进行水压试验，先自_____段向系统内灌水，打开设在上游管顶及管段中凸起点的_____，以排除管道内的气体。
5. 室外消火栓间距不应超过_____，消火栓到灭火地点的距离不应大于_____，距离车道不应大于_____，距建筑物外墙不宜小于_____。
6. 消防系统必须进行水压试验，试验压力为工作压力的_____，但不得小于_____；在试验压力下，_____内压力降不大于_____，然后降至工作压力进行检查，压力保持不变，不渗不漏为合格。
7. 室外排水管道的管材一般有_____、_____、_____和_____。
8. 室外排水管道常用的安装方法根据管径大小、施工条件和技术力量等有_____、_____和_____三种方法。
9. 室外排水管道埋设前必须做_____和_____，排水应_____、_____，管接口无渗漏。
10. 排水铸铁管在安装前，外壁应_____，涂两遍_____。

二、判断题（正确的打"√"，错误的打"×"）
1. 各类井室的井盖应符合设计要求，应有明显的文字标识，各种井盖不得混用。（　　）
2. 室外给水塑料管道不得露天架空铺设，必须露天架空铺设时应有保温和防晒等措施。（　　）
3. 给水管道不得直接穿越污水井、化粪池、公共厕所等污染源，如果要穿越时必须加防护措施。（　　）
4. 管道和金属支架的涂漆应附着良好，脱皮、起泡、流淌和漏涂等缺陷应在规定的范围内。（　　）
5. 地上式消火栓应有一个直径规格为 150mm 或 100mm 和两个直径规格为 65mm 的栓口。（　　）
6. 地下式消防水泵接合器的井内应有足够的操作空间，并设爬梯，寒冷地区井内应做防冻保护。（　　）
7. 排水管道的坡度必须符合设计要求，严禁无坡或倒坡。（　　）
8. 灌水试验应在回填之前进行。（　　）

三、单项选择题（将正确答案的序号填入括号内）
1. 给水管道试压时，每次升压的标准是（　　）。
   A. 0.1MPa　　　　B. 0.2MPa　　　　C. 0.3MPa　　　　D. 0.4MPa

2. 给水管道安装工程竣工后，必须对管道进行（　　），饮用水管道还要在冲洗后进行消毒，满足饮用水卫生要求。
   A. 水压试验　　　　B. 冲洗　　　　　C. 荷载试验　　　D. 防腐除锈
3. 建筑物外墙上的墙壁式消防水泵接合器应与建筑物的门、窗、孔洞保持一定距离，一般不宜小于（　　）。
   A. 0.5m　　　　　B. 1.0m　　　　　C. 1.5m　　　　　D. 2.0m
4. 各种排水井和化粪池均应用混凝土做底板（雨水井除外），厚度应不小于（　　）mm。
   A. 200　　　　　B. 100　　　　　C. 300　　　　　D. 400
5. 进行室外排水管道灌水试验时，管道系统充满水后，应浸泡（　　）昼夜。
   A. 3～4　　　　B. 1～2　　　　C. 4～5　　　　D. 2～3
6. 进行室外排水管道灌水试验时，渗水量的观测时间不少于（　　）min。
   A. 20　　　　　B. 30　　　　　C. 40　　　　　D. 10
7. 室外排水管道灌水试验的试验水头应以试验管段上游管顶加（　　）m。
   A. 2.0　　　　　B. 0.5　　　　　C. 1.0　　　　　D. 1.5

四、多项选择题（将正确答案的序号填入括号内）

1. 室外给水管道的埋设深度应考虑阀门高度和（　　）等因素。
   A. 冰冻深度　　　B. 地面荷载　　　C. 管材强度　　　D. 管道交叉
2. 室外给水管道埋地敷设时，沟槽开挖的宽度和深度根据管道的（　　）由设计确定。
   A. 直径　　　　　B. 土壤的性质　　C. 埋深　　　　　D. 投资大小
3. 承插铸铁管刚性接口的填料为（　　）。
   A. 膨胀水泥　　　B. 油麻—石棉水泥　C. 油麻—膨胀水泥　D. 油麻—铅
4. 室外给水管道的埋设深度应考虑阀门高度和（　　）等因素。
   A. 冰冻深度　　　B. 地面荷载　　　C. 管材强度　　　D. 管道交叉
5. 室外消火栓的安装形式可分为（　　）。
   A. 地下安装　　　B. 固定安装　　　C. 移动安装　　　D. 地上安装
6. 消防水泵接合器的安装形式有（　　）。
   A. 墙壁式　　　　B. 地下式　　　　C. 地上式　　　　D. 固定

五、简答题

1. 简述建筑小区给水管网的安装程序。
2. 简述室外生活给水管道的冲洗与消毒方法及注意事项。
3. 给水管道在埋地敷设时，对埋设深度有何要求？
4. 简述给水管网进行水压试验的要求。
5. 如何做室外排水管道的灌水试验？
6. 简述建筑小区排水管道的安装程序。

第四章 管道系统设备及附件安装

第一节 离心式水泵安装

一、填空题

1. 二次浇灌应保证使____与____结为一体，待混凝土强度达到____的设计强度后，对底座的水平度和水泵与电动机的同心度再进行一次复测并拧紧地脚螺栓。
2. 水泵吸水口前的直管段长度不应小于吸水口直径的_____。
3. 当泵的安装位置高于吸水液面，泵的吸水口管径小于350mm时，应设置_____；吸水口管径不小于350mm时，应设置_____装置。
4. 水泵试运转时，滑动轴承的温度不应大于____；滚动轴承的温度不应大于____。
5. 水泵安装调整位置时应使底座上的中心点与_____重合。
6. 水泵配管吸水管与压水管管路直径不应_____水泵的进出口直径。
7. 每台水泵的出口应安装控制阀、_____和压力表，并宜采取防_____措施。
8. 水泵间净高不小于_____ m，水泵机组的基础至少应高出地面_____ m。

二、判断题（正确的打"√"，错误的打"×"）

1. 水泵安装前要核对水泵型号、性能参数是否符合设计参数的80%要求。（　　）
2. 水泵的吊装就位，就是将水泵连同底座吊起。（　　）
3. 水泵运行时，为了减少振动和噪声振动，可在机组底座上安装不同形式的减振装置。（　　）
4. 安装地脚螺栓时，底座与基础之间应留有一定的空隙，并和基础面一道压实抹光。（　　）

三、单项选择题（将正确答案的序号填入括号内）

1. 离心泵的停车应在出水管道上的阀门处于（　　）状态下进行。
   A. 全开　　　　B. 半开半闭　　　　C. 全闭　　　　D. 任何状态
2. 水泵吸水口前的直管段长度不应小于吸水口直径的（　　）。
   A. 1倍　　　　B. 2倍　　　　C. 3倍　　　　D. 4倍
3. 水泵试运转时，泵在额定工况点连续试运转的时间不应少于（　　）。
   A. 0.5h　　　　B. 1h　　　　C. 1.5h　　　　D. 2.0h
4. 水泵间为保证安装检修方便，水泵机组的基础端边之间和至墙的距离不得小于（　　）m。
   A. 0.2　　　　B. 0.5　　　　C. 1.0　　　　D. 0.1
5. 为保证安装检修方便，水泵之间、水泵与墙壁间应留有足够的距离，水泵机组的基础侧边之间和至墙面的距离不得小于（　　）m。

A. 0.2　　　　B. 0.5　　　　C. 0.7　　　　D. 1

6. 水泵间为保证安装检修方便，对于不留通道的机组，突出部分与墙壁之间的净距及相邻的突出部分的净距，不得小于（　　）m。

A. 0.2　　　　B. 0.5　　　　C. 1　　　　D. 0.1

四、多项选择题（将正确答案的序号填入括号内）

1. 水泵机组运行时会产生（　　）现象。

A. 移动　　　　B. 振动　　　　C. 水锤　　　　D. 噪声

2. 水泵运转时不得有（　　）。

A. 异常声响　　B. 摩擦现象　　C. 移动现象　　D. 水锤现象

3. 水泵试运转时，要求泵的安全保护和电控装置及各部分仪表应（　　）。

A. 灵敏　　　　B. 正确　　　　C. 可靠　　　　D. 有一定强度

五、简答题

简述水泵的安装程序。

第二节　阀门、水表和水箱安装

一、填空题

1. 阀门的强度试验是指阀门在_____条件下检查阀门外表面的渗漏情况；阀门的严密性试验是指阀门在_____条件下检查阀门密封面是否渗漏。

2. 水箱出水管位于水箱的侧面，距箱底_____处接出，当进水管和出水管连在一起，共用一根管道时，出水管的水平管段上应安装_____。

3. 水箱信号管管径一般为_____mm，管路上不装_____。

4. 当泵的安装位置高于吸水液面，泵的吸水口管径小于350mm 时，应设置_____。

5. 水泵吸水口管径不小于350mm 时，应设_____装置。

6. 建筑给水系统中广泛应用的是流速式水表，流速式水表按叶轮结构不同分为_____和_____两类。

7. 水箱的泄水管上应安装阀门，管径一般为_____mm。

8. 水箱进水管一般由侧壁距箱顶_____mm 处接入水箱。

二、判断题（正确的打"√"，错误的打"×"）

1. 自制水箱的型号、规格应符合设计或标准图的规定，且经满水试验不渗漏。（　　）

2. 水箱溢水管应将管道引至排水池处或与排水管直接连接。（　　）

3. 截止阀必须按"低进高出"的方向进行安装。（　　）

4. 旋翼式水表按计数机件所处的状态分为湿式和干式两种。（　　）

5. 止回阀安装方向必须与水流方向相反。（　　）

6. 如用水量比较均匀时，水表损失应与损失规定之差宜大，反之差值宜小。（　　）

7. 水箱从外形上分有圆形、方形、倒锥形、球形等，由于圆体水箱工程造价最低，在工程中使用最多。（　　）

三、单项选择题（将正确答案的序号填入括号内）

1. 出水管位于水箱侧距箱底（　　）处接出，连接于室内给水干管上。
   A. 100mm　　　　B. 150mm　　　　C. 200mm　　　　D. 250mm
2. 阀门的强度和严密性试验应在每批数量中抽查（　　），且不少于1个。
   A. 3%　　　　　B. 5%　　　　　C. 8%　　　　　D. 10%
3. 选择水表时，以通过水表的设计流量不大于该水表的（　　）来确定水表口径。
   A. 最大流量　　B. 上限流量　　C. 公称流量　　D. 最小流量
4. （　　）是专门用于水泵吸水口，保证水泵启动，防止杂质随水流吸入泵内的一种单向阀。
   A. 闸阀　　　　B. 底阀　　　　C. 球阀　　　　D. 浮球阀
5. 控制附件中利用阀门两侧介质的压力差值自动关闭水流通路的是（　　）。
   A. 闸阀　　　　B. 止回阀　　　C. 球阀　　　　D. 截止阀
6. 如出水管和进水管合用同一条管道，此时出水管上应安装（　　）。
   A. 闸阀　　　　B. 球阀　　　　C. 止回阀　　　D. 碟阀

四、多项选择题（将正确答案的序号填入括号内）

1. 阀门与管道或设备的连接方法有（　　）。
   A. 螺纹　　　　B. 法兰连接　　C. 焊接　　　　D. 粘接
2. 安装有方向要求的（　　）时，一定要使其安装方向与介质流动方向一致。
   A. 疏水阀　　　B. 减压阀　　　C. 止回阀　　　D. 截止阀
3. 控制附件中由阀杆带动启闭件作绕垂直于管路的轴线转动90°即为全开或全闭的有（　　）。
   A. 闸阀　　　　B. 旋塞阀　　　C. 球阀　　　　D. 浮球阀
4. 截止阀按连接方式分为（　　）。
   A. 内（外）螺纹截止阀　　　　　B. 承插连接截止阀
   C. 法兰截止阀　　　　　　　　　D. 卡套式截止阀
5. 焊接钢管管件中的焊接弯头有（　　）。
   A. 30°焊接弯头　B. 45°焊接弯头　C. 60°焊接弯头　D. 90°焊接弯头
6. 控制附件中由阀杆带动启闭件作升降运动而切断或开启管路的有（　　）。
   A. 闸阀　　　　B. 单向阀　　　C. 球阀　　　　D. 截止阀

五、简答题

1. 简述水箱安装质量检验方法。
2. 水箱安装前的准备工作有哪些内容？

第三节　管道支架安装

一、填空题

1. 支架的作用是支撑管道，并限制管道_____和_____。
2. 支架的类型按支架对管道的制约作用不同，分为_____和_____。
3. 滚动支架有_____和_____两种类型。

二、判断题（正确的打"√"，错误的打"×"）

1. 支架的类型按支架自身构造情况的不同分为托架和吊架两种。（　　）
2. 滚动支架是装有滚筒或球盘使管子在位移时产生滚动摩擦的支架。（　　）

三、单项选择题（将正确答案的序号填入括号内）

1. 常用固定支架有卡环式和（　　）两种形式。
   A. 导向支架　　　B. 滚动支架　　　C. 普通管卡　　　D. 挡板式
2. 滑动支架有低滑动支架和高滑动支架两种，可以在支承面上（　　）。
   A. 限制运动　　　B. 自由滚动　　　C. 自由滑动　　　D. 自由运动

四、多项选择题（将正确答案的序号填入括号内）

1. 管道支架按支架材料不同分为（　　）。
   A. 钢结构　　B. 砖土结构　　C. 固定支架　　D. 钢筋混凝土结构
2. 活动支架的类型有（　　）。
   A. 滑动支架　　B. 导向支架　　C. 滚动支架　　D. 吊架
3. 支架的安装方法有（　　）和射钉式安装。
   A. 栽埋式　　B. 焊接式　　C. 膨胀螺栓　　D. 抱箍式

五、简答题

1. 简述支架的作用。
2. 固定支架的受力特点是什么？
3. 导向支架的作用是什么？
4. 简述支架的安装要求。

第五章 通风空调系统的安装

第一节 通风空调系统的分类及组成

一、填空题

1. 为实现_____或_____，所采用的一系列_____的总称叫通风系统。
2. 按通风系统的作用范围不同可分为_____和_____，按工作动力不同可分为_____和_____。
3. _____是利用_____产生的风压强制空气流动换气。
4. _____是采用技术手段把室内空气的_____、_____、洁净度和气流速度等参数控制在设计范围内，使其能够满足人体舒适或生产工艺的要求。
5. 空气调节系统是由_____、空气处理设备、_____、室内空气分配装置及调节控制设备等部分组成。

二、简答题

1. 通风工程的任务和作用是什么？
2. 空气的主要处理方式有哪几种？
3. 空气调节系统按空调设备的设置情况怎样分类？各自的特点是什么？

第二节 通风空调管道系统的安装

一、填空题

1. 风管的截面有_____和_____两种。
2. 风管及管件制作前，需画出风管及管件的形状及尺寸，然后画出其展开平面图，并留出_____或_____。
3. 制作矩形风管时，以每块钢板的长度作为一节风管的_____，钢板的宽度作为_____。
4. 常用的剪切方法有_____和_____两种。
5. 咬口的种类按接头构造分为_____、双咬口、联合咬口、单角咬口与_____、插条式咬口；根据操作方法又分为_____和_____。
6. 法兰用于_____及_____、风管与部件之间的延长连接。
7. 在钢板风管中，矩形法兰用_____制作，圆形法兰当管径不大于280mm时用_____，其余均用等边角钢制作。
8. 金属风管的加固一般采用_____和_____。
9. 支、吊架是风管系统的重要附件，起着控制_____、保证管道的_____、

_____的作用。

10. 通风空调系统常用的支、吊架有_____、_____。

11. 风管水平安装，直径或边长尺寸不大于400mm时，间距不应大于____ m；大于400mm时，不应大于____ m。

12. 设于易燃易爆环境中的通风系统，安装时应尽量减少_____，并设可靠的接地装置。

13. 风管穿出屋面时应设_____，穿出屋面的垂直风管高度超出____ m时应设拉索。

14. 通风空调工程中常用的阀门有蝶阀、多叶调节阀、三通调节阀、_____、_____等。

二、判断题（正确的打"√"，错误的打"×"）

1. 如果制作风管的板料是普通薄钢板（黑铁皮），下料后要先刷防锈漆后，才能咬口。（　　）

2. 制作风管薄钢板厚度为0.5～1.2mm应用最广泛，可以咬口连接；1.5mm以上者咬口困难，常采用焊接。（　　）

3. 在通风空调工程中，型钢常用来制作法兰、支架等。常用的有角钢、扁钢、圆钢、槽钢等。（　　）

4. 插条式咬口用于矩形风管弯管三通与四通的转角缝。（　　）

5. 风管除法兰连接形式外，也可采用无法兰连接。无法兰连接矩形风管接口处的四角应有固定措施。（　　）

6. 当水平悬吊的主干风管长度超过20m时，应设置防止摆动的固定点，每个系统不应少于1个。（　　）

7. 对接焊缝主要用于钢板与钢板的纵向和横向接缝以及风管的闭合缝等。（　　）

8. 风管及支、吊架均应按设计要求进行防腐。通常是涂刷底、面漆各两道，对保温风管一般只刷底漆两道。（　　）

三、单项选择题（将正确答案的序号填入括号内）

1. 制作圆形风管时，每节管的两端应留出与法兰连接的折边余量，以不盖住法兰的螺栓孔为宜，一般为（　　）mm。
   A. 2～3   B. 3～4   C. 8～10   D. 10～12

2. 咬口连接适用于厚度为（　　）mm的铝板。
   A. $\delta \leqslant 0.5$ B. $\delta \leqslant 1.0$ C. $\delta \leqslant 1.2$ D. $\delta \leqslant 1.5$

3. 翻边铆接形式适用于（　　）。
   A. 扁钢法兰与壁厚 $\delta \leqslant 1.0$mm 直径 $D \leqslant 200$mm 的圆形风管
   B. 扁钢法兰与壁厚 $\delta \leqslant 1.5$mm 直径较大的风管及配件的连接
   C. 角钢法兰与壁厚 $\delta \leqslant 1.5$mm 直径较大的风管及配件的连接
   D. 角钢法兰与壁厚 $\delta > 1.5$mm 的风管及配件的连接

四、多项选择题（将正确答案的序号填入括号内）

1. 下列选项中符合风管加固规定的有（　　）。
   A. 矩形金属风管边长大于630 mm、保温风管边长或圆形金属风管（除螺旋风管）直径大于800 mm，管段长度大于1250mm，均应采取加固措施

B. 当金属风管的板材厚度不小于2mm时，加固措施可适当放宽

C. 塑料风管的直径或边长大于500mm，其风管与法兰的连接处应设加强板，且间距不得大于450 mm

D. 有机及无机玻璃风管的加固，应为本体材料或防腐性能相同的材料，并与风管成一整体

2. 下列说法正确的是（　　）。

A. 输送湿空气的风管应按设计要求的坡度和坡向进行安装

B. 风管内不得设其他管道，不得将电线、电缆以及给水、排水和供热等管道安装在通风空调管道内

C. 拉索可固定在法兰上，但严禁拉在避雷针、网上

D. 风管支吊架不宜设置在风口、阀门、检查门的自控机构处，离风口或接管的距离不宜小于200mm

E. 在风管配件及部件已按加工安装草图的规划预制加工，风管支架已安装的情况下，风管的安装则可以进行

五、简答题

1. 通风空调系统常用的管材有哪些？
2. 试说明风管的加工制作包括哪些过程？
3. 风管的安装分为哪两部分？应如何操作？

第三节　通风空调系统设备的安装

一、填空题

1. 砖墙内安装风机时，将风机嵌入预留孔洞内，用木塞或碎砖将风机轴或底座_____，风机机壳与墙洞缝隙_____，并用_____辅助以碎石将风机与墙洞间的环形缝隙填实。

2. 柔性短管长度一般为_____ mm，装于_____，防止风机振动而引起_____。

3. 常用的消声器有_____、_____、_____等。

4. 常用除尘器有_____、_____、_____、_____等。

5. 除尘器安装应位置正确，_____，_____符合设计要求，_____不大于允许偏差。

6. 过滤器串联安装时，应按空气依次通过_____、_____、_____过滤器的顺序安装，_____过滤器可并联使用。

7. 过滤器与框架、框架与围护结构之间应_____。

8. 风机盘管或诱导器是_____空调系统的末端装置，设于_____。

9. 安装风机盘管时，要使风机盘管_____，各连接处应_____，盘管与冷热媒管道应在连接前_____，以免_____。

10. 安装诱导器时，出风口或回风口的百叶格栅有效通风面积不能小于_____，凝水管应_____。

11. 用于冷却空气的热交换器称为_____，其安装时在下部应设有_____。

二、判断题（正确的打"√"，错误的打"×"）

1. 离心式和轴流式风机都可安装在支架上。（   ）
2. 不同型号、不同传动方式的轴流式风机都可以安装在混凝土基础上。（   ）
3. 轴流式风机安装在砖墙内有甲、乙、丙三种形式，其中甲、乙型为无机座安装，丙型为带支座安装。（   ）
4. 一般的空调系统通常只设置粗效过滤器。（   ）
5. 对空气的净化处理主要靠除尘器来实现。（   ）
6. 装配式空气处理室安装时先做好混凝土基础，并将其吊装至基础上固定，安装应水平，与冷热媒等各管道的连接应正确无误，严密不渗漏。（   ）
7. 风机盘管机组中的盘管是一种表面式换热器。（   ）

三、多项选择题（将正确答案的序号填入括号内）

1. 关于除尘器下列叙述正确的有（   ）。
    A. 除尘器的排灰阀、卸料阀、排泥阀的安装必须严密，并便于操作维修
    B. 整体安装用于冲击式湿法除尘机组和脉冲袋式除尘机组等
    C. 旋风除尘器是在地面钢支架上的安装
    D. 脉冲袋式除尘机组安装时是靠机组的支承底盘或支承脚架支承在地面基础的地脚螺栓上
2. 关于过滤器下列叙述正确的有（   ）。
    A. 粗效过滤器用玻璃纤维滤纸或石棉纤维滤纸等材料制成
    B. 中效过滤器用中细孔泡沫或涤纶无纺布材料制成
    C. 中效过滤器用的是袋式过滤器
    D. 框架式过滤器应无可见缝隙，并要便于拆卸和更换滤料
3. 下列说法正确的是（   ）。
    A. 肋片管型空气热交换器是表面式换热器，该设备构造简单，水质要求低
    B. 空气加热器是用热水或蒸汽作为热媒
    C. 表面式冷却器以冷水或制冷剂作为冷媒
    D. 空气热交换器有两排和四排两种安装形式
    E. 空气热交换器安装时常用砖砌或焊制角钢支座支承

四、简答题

1. 简述轴流风机在墙内安装的要点。
2. 风机在基础上的安装有哪几种形式？离心式风机又有哪几种基础形式？
3. 简述风机盘管的安装步骤与方法。

第四节　通风空调系统的调试

一、填空题

1. 通风空调系统_____后，必须进行系统调试。
2. 通风空调系统调试的主要内容有_____试运转及调试、_____试运转及调试。

3. 风机运转的时间不得少于_____。
4. 风机滑动轴承外壳最高温度不得超过____℃，滚动轴承不得超过____℃。
5. 水泵滑动轴承外壳最高温度不得超过____℃，滚动轴承不得超过____℃。
6. 冷却塔本体应_____，无_____。
7. 空调系统带冷（热）源的正常联合运转不应少于_____。
8. 通风与空调系统总风量调试结果与设计风量的偏差不应大于_____，空调冷热水冷却水总流量测试结果与设计流量偏差不应大于_____。

二、判断题（正确的打"√"，错误的打"×"）
1. 水泵和风机都要求叶轮旋转方向正确，无异常振动与声响，配套电机的运行功率符合设备技术文件的规定，它们试运转的要求是完全相同的。（ ）
2. 空调系统带冷（热）源的试运转在竣工时进行。（ ）
3. 系统联合试运转应在通风与空调设备单机试运转和风管系统漏风量测定合格后进行。（ ）
4. 空调工程水系统应冲洗干净不含杂物，并排除管道系统中的空气。系统平衡调整后，各空调机组的水流量应符合设计要求，允许偏差为20%。（ ）
5. 多台冷却塔并联运行时，各冷却塔的进、出水量是不同的。（ ）
6. 系统联合试运转时，设备及主要部件联动必须协调，动作正确，无噪声。（ ）
7. 通风系统经过平衡调整，各风口或吸风罩的风量的偏差不应大于15%。（ ）

三、简答题
简述通风空调系统调试的目的。

第五节　通风空调节能工程施工技术要求

一、填空题
1. 通风空调节能工程施工质量应符合_____GB 50411—2007的规定。
2. 通风与空调系统节能工程所使用的____、____、____、____、绝热材料等产品进场时，应按设计要求对其类型、材质、规格及外观等进行验收。
3. 验收与核查的结果应经_____检查认可，并应形成相应的验收、核查记录。
4. 需要绝热的风管与金属支架的接触处、复合风管及需要绝热的非金属风管的连接和内部支撑加固等处，应有_____的措施，并应符合设计要求。
5. 现场组装的组合式空调机组各功能段之间_____，并应做_____。
6. 通风与空调系统安装完毕，应进行通风机和空调机组等设备的____，并应进行系统的_____。
7. 变风量末端装置与风管连接前宜做_____，确认运行正常后再_____。

二、判断题（正确的打"√"，错误的打"×"）
1. 不必对热回收装置的技术性能参数进行核查。（ ）
2. 风机盘管机组和绝热材料进场时，复验应为见证取样送验。（ ）
3. 各种空调机组的安装位置和方向应正确，且与风管、送风静压箱、回风箱的连接应严密可靠。（ ）

4. 通风与空调系统应随施工进度对与节能有关的隐蔽部位或内容进行验收,并应有详细的文字记录和必要的图像资料。(   )

5. 空气风幕机的规格、数量、安装位置和方向应正确,纵向垂直度和横向水平度的偏差均不应大于2/100。(   )

三、多项选择题(将正确答案的序号填入括号内)

通风与空调节能工程中的送、排风系统及空调风系统、空调水系统的安装,应符合下列规定:(   )

A. 各种设备、自控阀门与仪表应按设计要求安装齐全,不得随意增减和更换

B. 水系统各分支管路水力平衡装置、温控装置与仪表的安装位置、方向应符合设计要求,并便于观察、操作和调试

C. 空调系统应能实现设计要求的分室(区)温度调控功能

D. 各系统的形式,应符合设计要求

四、简答题

简述风机盘管机组的安装的规定。

第六章　管道防腐与绝热保温

第一节　管道防腐

一、填空题

1. 管道与设备表面应做_____和_____处理。
2. 涂料防腐的一般要求是对明装管道与设备刷一道____、两道面漆；对保温及防结露管道与设备刷两道防锈漆，不刷_____。
3. 涂料的作用是：_____、_____、_____和_____。
4. 除锈方法有：_____、_____和_____。

二、判断题（正确的打"√"，错误的打"×"）

对暗装管道不刷面漆，只刷两道防锈漆。（　　）

三、单项选择题（将正确答案的序号填入括号内）

表面处理合格后，应在（　　）h 内涂罩第一层漆。
A. 0.5　　B. 1　　C. 1.5　　D. 3

四、多项选择题（将正确答案的序号填入括号内）

1. 涂刷防腐层有（　　）方式。
   A. 手工涂刷　　B. 机械涂刷　　C. 成品粘贴　　D. 砌筑
2. 管道与设备表面锈蚀，可采用（　　）方法除去其表面的氧化皮和污垢。
   A. 手工　　B. 化学　　C. 机械　　D. 生物

五、简答题

1. 管道与设备的防腐作用是什么？
2. 简述防腐作业的注意事项。
3. 常用的防腐措施有哪些？

第二节　管道绝热保温

一、填空题

1. 防潮层应严密，厚度均匀，不能有_____、_____和_____等缺陷。
2. 管道保温结构由_____、_____和_____三个部分组成。

二、判断题（正确的打"√"，错误的打"×"）

1. 保温材料的种类及保温厚度应由施工单位确定，使用时应根据厂家产品说明书要求操作。（　　）
2. 保温结构层应符合设计要求，一般由绝热层、防潮层和保护层组成。（　　）

3. 有防潮层的保温管可以用自攻螺钉固定。（　　）

三、单项选择题（将正确答案的序号填入括号内）

1. 保温施工应在除锈、防腐和系统（　　）后进行。
   A. 试水　　　　B. 安装完毕　　　　C. 检查合格　　　　D. 试压合格
2. 在玻璃布保护层的施工中，玻璃布最外面要有（　　）。
   A. 刷调合漆　　B. 钢丝绑扎　　　　C. 沥青冷底子油　　D. 石油沥青油毡

四、多项选择题（将正确答案的序号填入括号内）

保温层施工方法有（　　）。
   A. 预制法　　　B. 涂抹法　　　　　C. 填充法　　　　　D. 缠包法

五、简答题

1. 简述管道与设备保温的一般规定。
2. 在保温施工方法中，棉毡缠包法是如何操作的？
3. 简述玻璃布保护层的施工方法。

第七章 暖卫通风工程施工图

第一节 暖卫工程施工图

一、填空题

1. 暖卫工程施工图有_____、_____两个部分。
2. 给水排水施工图中的标高均以____为单位,一般应注写到小数点后_____。小区或庭院(厂区)给水排水施工图中可注写到小数点后_____。
3. 室内给水排水施工图一般由_____、_____、_____、_____等几部分组成。
4. 室内给水排水系统图的主要内容有各系统的编号及立管编号、用水设备及卫生器具的编号;_____;_____;管道及设备的标高;管道的管径、坡度;阀门种类及位置等。
5. 小区或庭院(厂区)给水排水施工图一般由_____、_____和_____组成。
6. 供暖平面图主要内容有系统入口位置、干管、立管、支管及立管编号;室内地沟的位置及尺寸;_____;其他设备的位置及型号等。
7. 室外供热管网详图主要反映_____、_____、_____等构筑物的做法及其干管与支管的连接情况等。
8. 供暖锅炉房是供暖系统的_____,热媒有_____和_____两种。
9. 锅炉房施工图一般由设计说明、_____、_____、_____组成。
10. 暖卫工程图中,剖面图多用于_____、_____。
11. 为便于使平面图与轴测图对照起见,管道应按系统加以_____。

二、判断题(正确的打"√",错误的打"×")

1. 平面图是最基本的施工图纸,确定管道及设备的平面位置,为其安装定位,但没有高度的意义。(　　)
2. 系统图用来反映管道及设备的空间位置关系,它能反映工程的全貌。(　　)
3. 所有类型的图纸均要按比例绘制。(　　)
4. 室内管道标注相对标高;室外管道标注绝对标高,当无绝对标高时,可标注相对标高,但应与总图专业一致。(　　)
5. 室外排水系统施工图应按水流方向由建筑排出管到室外排水管网,最后接入城镇排水管网的顺序识读,同时由剖面图识读支管与干管的接法、各井室构筑物的构造等。(　　)

三、单项选择题（将正确答案的序号填入括号内）
1. 焊接钢管管径以（　　）表示。
   A. 公称直径　　B. 外径×壁厚　　C. 内径×壁厚　　D. 内径
2. 当建筑物给水引入管或排水排出管的数量超过（　　）根时，宜进行编号。
   A. 1　　　　　　B. 2　　　　　　C. 3　　　　　　D. 4
3. 室外供热管网施工图的识读方法与室外给水排水施工图的识读方法（　　）。
   A. 相同　　　　B. 不相同　　　C. 完全相同　　D. 基本相同

四、多项选择题（将正确答案的序号填入括号内）
1. 设计与施工总说明包括的内容有（　　）。
   A. 建筑面积、设计热负荷等工程概况
   B. 施工中应遵循和采用的规范、标准图号
   C. 管道的防腐、保温及清洗要求
   D. 管道及设备的试压要求
2. 平面图中的定位方法有（　　）。
   A. 坐标定位　　B. 建筑轴线定位　　C. 尺寸定位　　D. 图形定位
3. （　　）在暖卫工程中经常使用，成为平面图、剖面图、系统图等施工图纸重要的辅助性图纸。
   A. 标准图　　　B. 大样图　　　C. 节点图　　　D. 设备材料明细表
4. 大样图和详图是（　　）。
   A. 由设计人员绘制　　B. 引自设计规范　　C. 引自安装图集　　D. 引自设计手册
5. 暖卫工程施工图中，平面图一般分别是（　　）。
   A. 地下室平面图　　B. 一层平面图　　C. 标准层平面图　　D. 顶层平面图
6. 锅炉的基本参数有（　　）。
   A. 温度　　　　B. 压力　　　　C. 蒸发量　　　D. 产热量
7. 关于锅炉房工艺系统，下列说法正确的是（　　）。
   A. 设置仪表控制系统的目的是监测锅炉安全运行
   B. 汽、水系统包括分水器、水箱、水泵和管道等
   C. 送引风系统包括风机、除尘设备、风道、烟道等
   D. 运煤除渣系统常用设备有上煤机、除渣机等
8. 关于室内给水排水施工图的识读，说法正确的是（　　）。
   A. 给水系统按总管及入口装置、干管、立管、支管、到用水设备或卫生器具的顺序识读
   B. 给水系统按用水设备或卫生器具、支管、立管、干管、到总管及入口装置的顺序识读
   C. 排水系统按排出管、排水立管、排水横支管、卫生器具排水管的顺序识读
   D. 排水系统按卫生器具排水管、排水横支管、排水立管、排出管的顺序识读
   E. 给水与排水系统均应按水流方向进行识读

五、简答题
1. 建筑给水排水工程常用的管材有哪些？

2. 室内排水系统的通气管如何设置？

3. 供暖系统中的排气装置有哪些？

六、识图题

1. 识读图7-1所示某建筑给水系统图。

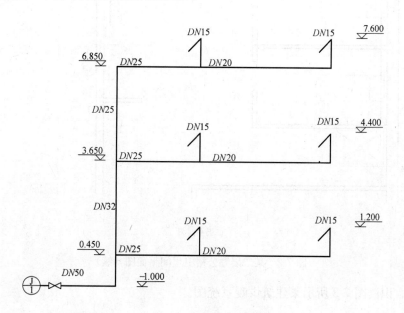

图7-1　某建筑给水系统图

2. 识读图7-2所示某二层办公楼卫生间平面图。

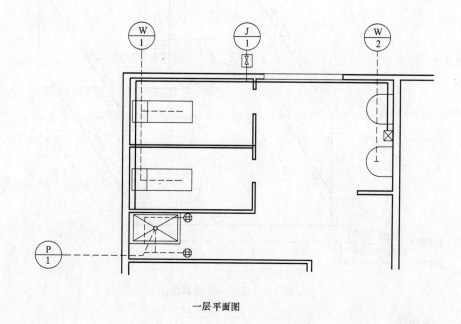

一层平面图

图7-2　某二层办公楼卫生间平面图

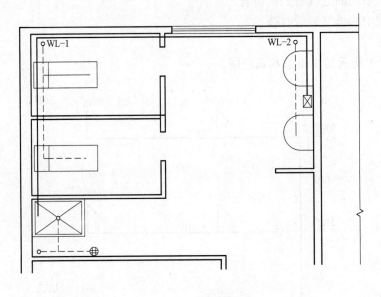

二层平面图

图 7-2　某二层办公楼卫生间平面图（续）

3. 识读图 7-3 所示某建筑供暖系统图。

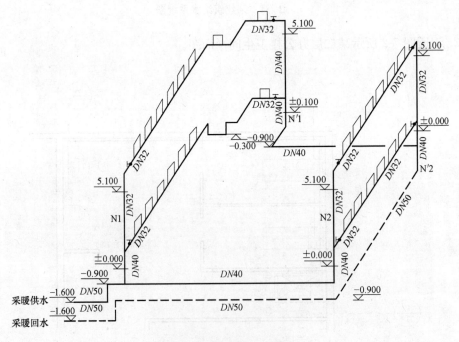

图 7-3　某建筑供暖系统图

七、绘图题

绘制你所在教学楼的建筑给水排水及供暖平面图和系统图。

第二节 通风空调工程施工图

一、填空题

1. 通风空调工程图纸部分包括通风空调系统平面图_____、_____、_____等。
2. 通风空调系统的风管系统平面图包括风管系统的构成、布置及风管上各部件、设备的位置，并注明_____及_____的空气流向。
3. 通风空调系统的水管系统平面图包括_____、_____的构成、布置及水管上各部件、仪表、设备位置等，并注明各管道的_____、_____。
4. 通风空调机房平面图一般包括_____、_____、_____、_____等内容。
5. 通风空调系统剖面图主要有_____、_____、_____、_____等。
6. 标高对矩形风管为_____，对圆形风管为_____。
7. 识读通风空调系统施工图时，要把握风系统与水系统的_____和_____，要搞清系统，摸清环路，_____阅读。
8. 对空调送风系统而言，处理空气的空调需供给_____、_____或_____。
9. 安装_____的房间称为制冷机房。制冷机房制造的冷冻水，通过管道送至机房内的_____中，使用过的冷水则需送回机房经处理后_____。

二、判断题（正确的打"√"，错误的打"×"）。

1. 风管系统的平面图用双线绘制。（　　）
2. 通风空调系统图可用单线也可用双线绘制。（　　）
3. 风管规格对矩形风管用"长×宽"表示，单位均为mm。（　　）
4. 通风空调工程的工艺流程图和系统图都无比例。（　　）

三、多项选择题（将正确答案的序号填入括号内）

1. 通风空调系统设计施工说明包括的内容有（　　）。
   A. 系统采用的设计气象参数
   B. 房间的设计条件，如冬季、夏季空调房间的空气温度、相对湿度、平均风速、新风量等
   C. 系统的划分与组成（系统编号、服务区域、空调方式等）
   D. 风管材料及加工方法
2. 关于通风空调系统剖面图说法正确的是（　　）。
   A. 只有剖面图才能表示出建筑物内的风管、附件或附属设备的立面位置和安装的标高尺寸
   B. 剖面图上表示风管部件及附属设备制作和安装的具体形式和方法，是确定施工工艺的主要依据
   C. 剖面图能说明空调房间的设计参数、冷热源、空气处理及输送方式
   D. 剖面图应与平面相互对照进行识读
3. 正确的通风系统施工图识读顺序是（　　）。
   A. 送风系统：送风口→总管→立管→支管→进风口
   B. 送风系统：进风口→总管→立管→支管→送风口
   C. 排风系统：吸风口→支管→立管→总管→排风口
   D. 排风系统：排风口→支管→立管→总管→吸风口

四、简答题

1. 简述识读通风空调系统施工图的方法。
2. 空调水系统包括哪些？

五、识图题

识读图 7-4 所示的某建筑空调系统平面图,其各楼层系统布置相同。

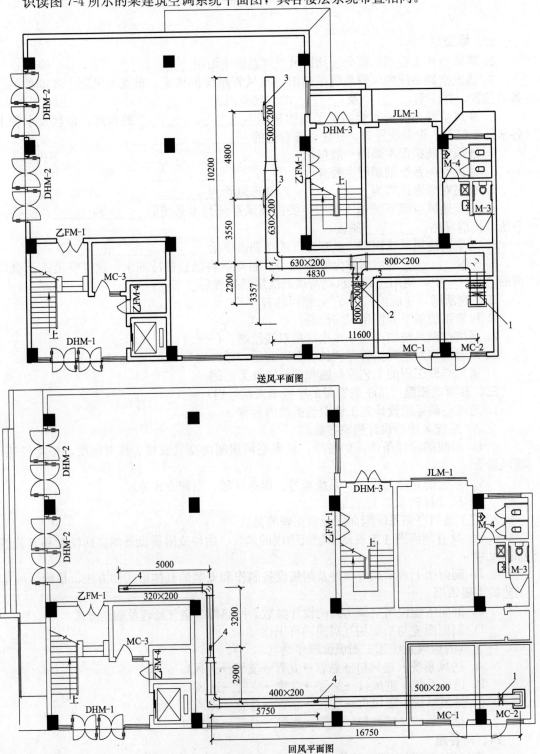

图 7-4 某建筑空调系统平面图
1—防火调节阀;2—风量调节阀;3—送风口;4—回风口

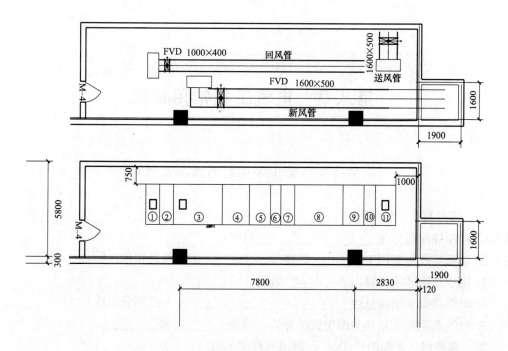

地下室空调机组平面图

图 7-4 某建筑空调系统平面图（续）

六、绘图题

绘制某商场或大型超市的通风空调系统的平面图和系统图。

第八章 电气工程常用材料

第一节 常用导电材料及其应用

一、填空题

1. 常用导线可分为_____和_____两种。
2. 软裸导线主要用于_____的接线、_____的接线及接地线等。
3. 橡皮绝缘导线主要用于_____敷设。
4. 电缆的基本结构是由_____、_____、_____三部分组成。
5. 母线是用来汇集和分配电流的导体，分为_____和_____。

二、判断题（正确的打"√"，错误的打"×"）

1. 建筑电气安装工程室内配线常用的导线是裸导线。（ ）
2. 铝绞线主要用于短距离输配电线路。（ ）
3. 电线、电缆的线芯一般是圆单线。（ ）
4. 裸绞线硬度较高并有足够的机械强度。（ ）
5. 软铜绞线主要用于高、低压架空电力线路。（ ）
6. LGJQ 表示轻型钢芯铝绞线。（ ）
7. 铜芯橡皮线主要用于交流 500V 及以下、直流 1000V 及以下电气设备及照明装置要求电线比较柔软的室内。（ ）
8. 塑料绝缘导线具有耐油、耐酸、耐腐蚀、防潮、防霉等特点，常用作 500V 以下室内照明线路。（ ）
9. BVV 表示铝芯塑料护套线。（ ）
10. 阻燃铜芯塑料线主要用于交流电压 500V 以下、直流电压 1000V 以下室内较重要场所固定敷设。（ ）
11. 无铠装的电缆适用于室内、电缆沟内、电缆桥架内和穿管敷设，可以承受压力和拉力。（ ）
12. 钢带铠装电缆适用于直埋敷设，能承受一定的压力和拉力。（ ）
13. 控制电缆用于配电装置、继电保护和自动控制回路中传送控制电流、连接电气仪表及电气元件等。（ ）
14. SYV 表示实芯聚乙烯绝缘射频同轴电缆。（ ）
15. 软母线用在 110kV 及以上的高压配电装置中，硬母线用在工厂高、低压配电装置中。（ ）
16. TMY 表示硬铜母线，LMY 表示硬铝母线。（ ）

三、单项选择题（将正确答案的序号填入括号内）

1. 用于照明线路的橡皮绝缘导线，长期工作温度不得超过（　　）℃，额定电压不大于250V。

　　A. +50　　　　B. +60　　　　C. +70　　　　D. +80

2. ZR-BV 表示（　　）导线。

　　A. 耐火铜芯塑料线　　　　　　B. 耐火铝芯塑料线
　　C. 阻燃铜芯塑料线　　　　　　D. 阻燃铝芯塑料线

3. 预制分支电缆的型号是由（　　）加其他电缆型号组成。

　　A. FYD　　　　B. FDY　　　　C. YFZD　　　　D. YFD

4. 用作保护地线的导线颜色是（　　）。

　　A. 黄色　　　　B. 淡蓝色　　　　C. 黄绿色　　　　D. 蓝绿色

四、多项选择题（将正确答案的序号填入括号内）

1. 导线的线芯要求（　　）。

　　A. 导电性能好　　B. 机械强度大　　C. 表面光滑　　D. 耐蚀性好

2. 裸导线的材料主要有（　　）。

　　A. 铝　　　　B. 铜　　　　C. 钢　　　　D. 铅

3. 电缆按绝缘可分为（　　）。

　　A. 橡皮绝缘　　　　　　B. 石棉绝缘
　　C. 油浸纸绝缘　　　　　D. 塑料绝缘

4. 通信电缆按结构类型可分为（　　）。

　　A. 非对称式通信电缆　　　　B. 对称式通信电缆
　　C. 同轴通信电缆　　　　　　D. 光缆

五、解释下列导线型号的含义

1. TJRX
2. BXR－10
3. BLVV－2.5
4. VLV$_{22}$－4×70+1×25
5. YFD－ZR－VV－4×185+1×95/4×35+1×16
6. WL－BYJ（F）－16
7. SYV－75－3

六、简答题

1. 简述裸导线的定义、分类及主要用途。
2. 简述绝缘导线的定义和分类。
3. 简述电缆的定义、组成及分类。
4. 简述母线的作用和分类。

七、问答题

1. 预制分支电缆有哪些特点？其型号如何表示？
2. 低烟无卤阻燃及耐火型电线、电缆有哪些特点？有哪些常用型号？

第二节 常用绝缘材料及其应用

一、填空题

1. 绝缘材料按化学性质分为_____、_____、_____三类。
2. 低压针式绝缘子用于绝缘和固定_____及以下的电气线路。
3. 低压布线绝缘子分为_____和_____两种。
4. 高压绝缘子用于_____和_____高压架空电气线路。
5. 电工漆主要分为_____漆和_____漆。
6. 塑料可分为_____塑料和热塑性塑料两类，常用的热塑性塑料有_____塑料和_____塑料等。
7. 橡胶分为_____橡胶和_____橡胶，橡皮是由橡胶经硫化处理而制成的，分为_____橡皮和_____橡皮两类。

二、判断题（正确的打"√"，错误的打"×"）

1. 云母是有机绝缘材料。（　　）
2. 塑料的特点是相对密度小、机械强度高、介电性能好，耐热、耐腐蚀、易加工。（　　）
3. 天然橡胶的可塑性、工艺加工性好，机械强度高，耐热、耐油性好。（　　）
4. 高压针式绝缘子的耐压等级越高，其铁脚尺寸越长，瓷裙直径也越大。（　　）
5. 环氧树脂胶一般不需要现场配制。（　　）

三、多项选择题（将正确答案的序号填入括号内）

1. 低压绝缘子可分为（　　）。
   A. 低压针式绝缘子　　　　　　B. 低压伞式绝缘子
   C. 低压蝶式绝缘子　　　　　　D. 低压布线绝缘子
2. 高压绝缘子可分为（　　）。
   A. 高压针式绝缘子　　　　　　B. 高压悬式绝缘子
   C. 高压蝶式绝缘子　　　　　　D. 高压伞式绝缘子
3. 低压针式绝缘子的钢脚形式有（　　）。
   A. 木担直角　　B. 木担圆角　　C. 铁担直角　　D. 弯脚
4. 瓷管分为（　　）。
   A. 弯瓷管　　　B. 弯头瓷管　　C. 包头瓷管　　D. 直瓷管
5. 常用的绝缘油有（　　）。
   A. 变压器油　　B. 油开关油　　C. 燃料油　　　D. 电容器油
6. 常用的变压器油型号有（　　）。
   A. 10 号　　　 B. 15 号　　　 C. 25 号　　　 D. 45 号

四、简答题

1. 简述绝缘材料的作用。
2. 简述热塑性塑料的主要用途。
3. 低压蝶式绝缘子的主要作用是什么？它有哪些规格？

4. 简述绝缘布（带）的主要用途。
5. 简述层压制品层的主要用途和特点。

五、问答题
常用的电工胶有哪些？各有什么用途？

第三节　常用安装材料

一、填空题
1. 电气设备的安装材料主要分为_____、_____两类。
2. 配线常用的导管有_____导管和_____导管。
3. 金属软管又称_____，由厚度为0.5mm以上的_____加工压边卷制而成，轧缝处有的加石棉垫，有的不加。
4. 绝缘导管有硬塑料管、半硬塑料管、_____、_____等。
5. 工字钢由两个_____和一个_____构成。

二、判断题（正确的打"√"，错误的打"×"）
1. 在配线施工中，导管的作用是为了使导线免受腐蚀和外来机械损伤。（　　）
2. 水煤气管不能作暗敷设，但可以使用在轻微腐蚀气体的场所。（　　）
3. 薄壁钢管的内、外壁均涂有一层绝缘漆，适用于干燥场所敷设。（　　）
4. 金属软管有很好的弯曲性，但机械强度较差。（　　）
5. 自攻螺钉用于元件与薄金属板之间的联结。（　　）

三、单项选择题（将正确答案的序号填入括号内）
1. 在配线工程中适用于有机械外力或有轻微腐蚀气体的场所作明敷设或暗敷设的金属导管是（　　）。
　　A. 水煤气管　　B. 金属软管　　C. 电线管　　D. 薄壁钢管
2. 受力不大、且不需要经常拆装的固定件选用（　　）。
　　A. 六角头螺栓　　B. 双头螺栓　　C. 木螺钉　　D. 机螺钉

四、多项选择题（将正确答案的序号填入括号内）
1. 常用的塑料胀管规格是（　　）。
　　A. $\phi 6$　　B. $\phi 8$　　C. $\phi 10$　　D. $\phi 25$
2. 常用的槽钢规格是（　　）。
　　A. 5　　B. 8　　C. 10　　D. 16

五、简答题
1. 《建筑电气工程施工质量验收规范》（GB 50303—2002）中对导管的定义是什么？
2. PVC硬质塑料管适用于哪些场所？不宜使用的场所有哪些？
3. 半硬塑料管能适用在哪些场所？它有哪些类型？
4. 简述角钢的主要用途？

六、问答题
1. 电工常用的成型钢材有哪些种类？各有哪些用途？
2. 被连接件与地面、墙面、顶板面之间的固定常采用哪些方法？

第九章 变配电设备安装

第一节 建筑供配电系统的组成

一、填空题

1. 电力系统是由发电、_____、_____和用电构成的一个整体。
2. 变电所是接受电能和_____的场所，主要由电力变压器和_____设备等组成。
3. 只接受电能而不改变电压，并进行_____的场所叫配电所。
4. 建筑供配电线路的额定电压等级多为_____线路和 380V 线路，通常分为_____线路和_____线路。
5. 低压配电系统由配电_____及配电_____组成。
6. 在低压配电系统中，TN 系统可分为_____、_____、_____。

二、判断题（正确的打"√"，错误的打"×"）

1. 树干式配电方式节省设备和材料，供电可靠性较高。（ ）
2. 采用三相四线制供电方式可得到 380/220V 两种电压。（ ）
3. PEN 表示保护线，PE 表示保护中性线。（ ）

三、单项选择题（将正确答案的序号填入括号内）

1. 电力负荷根据其重要性和中断供电后在政治上、经济上所造成的损失或影响的程度分为（ ）。
   A. 二级负荷　　　B. 三级负荷　　　C. 四级负荷　　　D. 五级负荷
2. 国际电工委员会标准 IEC 439—1 规定（ ）为低压。
   A. AC≤1kV，DC≤1kV　　　　　　B. AC≤1.5kV，DC≤1kV
   C. AC≤1kV，DC≤1.5kV　　　　　D. AC≤1.5kV，DC≤1.5kV
3. 向输电距离为 10km 左右的工业与民用建筑供电采用的电压为（ ）。
   A. 380V　　　B. 10kV　　　C. 3～5kV　　　D. 6～10kV
4. 在低压配电系统中，我国广泛采用（ ）的运行方式。
   A. 中性点不接地系统　　　　　　B. 中性点经消弧线圈接地系统
   C. 中性点直接接地系统　　　　　D. 无中性点系统

四、多项选择题（将正确答案的序号填入括号内）

1. 低压配电系统配电方式有（ ）几种。
   A. 放射式　　　B. 环式　　　C. 树干式　　　D. 混合式
2. 在三相电力系统中，发电机和变压器的中性点有（ ）三种运行方式。
   A. 中性点不接地系统　　　　　　B. 中性点经消弧线圈接地系统
   C. 中性点直接接地系统　　　　　D. 无中性点系统

3. 低压配电系统按保护接地形式分为（　　　）。
   A. TI 系统　　　B. TT 系统　　　C. IT 系统　　　D. TN 系统

五、绘图题

绘制中性点直接接地的电力系统示意图。

六、问答题

1. 低压配电系统有哪些配电方式？各有什么特点？
2. 简述 TN 系统的特点。

第二节　室内变电所的布置

一、填空题

1. 当高压配电室的高压开关柜台数较少时，采用＿＿＿＿布置；当台数较多时采用＿＿＿＿布置。
2. 当高压配电室架空进出线时，进出线套管至室外地面距离应不低于＿＿＿＿ m，进出线悬挂点对地距离一般不低于＿＿＿＿ m。
3. 每台油量为＿＿＿＿ kg 及以上的变压器，应安装在单独的变压器室内。
4. 变压器在室内安放的方向根据设计来确定，通常有＿＿＿＿推进和＿＿＿＿推进，其中＿＿＿＿推进的变压器油枕宜向外，＿＿＿＿推进的变压器低压侧宜向外。
5. 低压配电室与地坪不抬高的变压器室相邻时，高度为＿＿＿＿ m。

二、判断题（正确的打"√"，错误的打"×"）

1. 固定式高压开关柜净空高度一般为 4m 左右。（　　　）
2. 变压器室的地坪抬高后，相应变压器室高度应增加到 4.8～5.7m。（　　　）
3. 低压配电室为电缆进线时，高度为 3.5m。

三、单项选择题（将正确答案的序号填入括号内）

1. 手车式开关柜净高一般为（　　　）。
   A. 3m　　　B. 3.5m　　　C. 4m　　　D. 4.5m
2. 当低压配电室与地坪抬高的变压器室相邻时，高度为（　　　）。
   A. 3～3.5m　　　B. 3.5～4m　　　C. 4～4.5m　　　D. 4.5～5m

四、多项选择题（将正确答案的序号填入括号内）

1. 变压器室的结构形式与变压器的（　　　）及电气主接线方案等有关。
   A. 形式　　　B. 容量　　　C. 安放方向　　　D. 进出线方位
2. 变压器室的地坪抬高的高度一般有（　　　）几种。
   A. 0.8m　　　B. 1.0m　　　C. 1.2m　　　D. 1.5m

五、问答题

6～10kV 室内变电所主要由几部分组成？请指出各部分的作用。

第三节　变压器的安装

一、填空题

1. 电力变压器是用来＿＿＿＿的设备，是变电所设备的核心。

2. 变压器的安装形式有：杆上安装、_____安装、_____安装等。

3. 装接高、低压母线时，_____中心线应与_____中心线相符。

4. 在母线连接前，都要进行母线接触面处理，铜母线要_____；铝母线要做好_____处理，达到接触面接触良好。

5. 变压器的安装程序包括基础施工、_____、变压器的_____、接地线的连接等。

二、判断题（正确的打"√"，错误的打"×"）

1. 母线与变压器套管连接时，只需用一把扳手即可。（   ）

2. 变压器第一次投入通常采用全电压冲击合闸。（   ）

3. 接于中性点接地系统的变压器，在进行冲击合闸时，其中性点可不接地。（   ）

三、单项选择题（将正确答案的序号填入括号内）

1. 变压器第一次受电后，持续时间应不少于（   ），如变压器无异常情况，即可继续进行。

  A. 5min   B. 10min   C. 15min   D. 20min

2. 一般变压器应进行（   ）全电压冲击合闸，应无异常情况，励磁涌流不应引起保护装置误动。

  A. 3次   B. 4次   C. 5次   D. 6次

3. 冲击合闸正常后带负荷运行（   ），无任何异常情况，则可认为试运行合格。

  A. 12h   B. 24h   C. 36h   D. 48h

四、简答题

1. 什么是杆上安装？简述其安装要求。

2. 简述油浸电力变压器安装程序。

3. 简述干式变压器安装程序。

4. 为什么新装电力变压器必须进行试验？

5. 变压器试验有哪些项目？

五、问答题

为什么要进行变压器试运行？如何判定变压器试运行合格？

第四节　高压电器的安装

一、填空题

1. 高压隔离开关主要用于_____，以保证其他设备和线路的安全检修。

2. 户内三极隔离开关由_____和_____组成。

3. 高压负荷开关必须和_____串联使用。

4. 高压熔断器主要用作高压电力线路及其设备的_____保护。

5. 支持绝缘子用于变配电装置中，作为导电部分的_____和_____作用。

6. 绝缘子安装前应检查表面有无破损和_____，铁件表面是否_____。

7. 绝缘子安装前应测量绝缘子绝缘电阻或做_____试验。

8. 绝缘子安装完毕，对绝缘子底座、_____以及_____都要刷一层绝缘漆，颜色一般为_____。

9. 低压母线过墙时要经过_____。

10. 电流互感器的作用是将_____回路的大电流变换为_____回路的小电流,提供测量仪表和_____装置用的电流电源。

11. 开关柜是将同一回路的开关电器、_____、_____和辅助设备都装配一起的全封闭或半封闭的金属柜。

二、判断题（正确的打"√",错误的打"×"）

1. 隔离开关没有灭弧装置,所以不能带负荷操作。（　　）
2. 因为高压负荷开关具有灭弧装置,所以能够切断短路电流。（　　）
3. 高压断路器中使用最广泛的是空气断路器。（　　）
4. 在高层建筑内较多采用的是真空断路器。（　　）
5. 在 6～10kV 系统中,户内广泛采用 RW4 等跌落式熔断器,户外则广泛采用 RN1、RN2 型管式熔断器。（　　）
6. 如果绝缘子中的铁件已生锈,可用砂纸将铁锈除去。（　　）
7. 测量绝缘子的绝缘电阻应使用 2500V 摇表。（　　）

三、单项选择题（将正确答案的序号填入括号内）

1. 绝缘子的绝缘电阻应不低于（　　）。
   A. 100MΩ　　B. 200MΩ　　C. 300MΩ　　D. 400MΩ
2. 电流互感器二次侧电流均为（　　）。
   A. 3A　　B. 5A　　C. 7A　　D. 9A
3. 电压互感器二次侧电压均为（　　）。
   A. 25V　　B. 50V　　C. 100V　　D. 150V
4. 开关柜的基础型钢应做良好接地,一般采用扁钢将其与接地网焊接,且接地不应少于（　　）。
   A. 一处　　B. 两处　　C. 三处　　D. 四处

四、多项选择题（将正确答案的序号填入括号内）

1. 高压断路器可以分为（　　）。
   A. 真空式　　B. 空气式　　C. 户外式　　D. 户内式
2. 穿墙套管规格形式有多种类型,其基本结构都是由（　　）装配而成。
   A. 瓷套　　　　　　　　　B. 安装法兰
   C. 导电部分　　　　　　　D. 避雷部分
3. 下列属于成套配电装置的是：（　　）。
   A. 汇流排　　　　　　　　B. 低压配电屏
   C. 高压开关柜　　　　　　D. SF_6 全封闭组合电器

五、简答题

1. 简述高压断路器的作用。
2. 简述高压隔离开关安装程序。
3. 简述油断路器的安装施工程序。
4. 安装绝缘子时,如何保证各个绝缘子都在同一中心线上?
5. 简述开关柜的安装施工程序。

六、问答题

1. 怎样进行穿墙套管的安装？
2. 如何安装电流互感器和电压互感器？

第五节　低压电器的安装

一、填空题

1. 低压刀开关按其操作方式分为_____和_____；按其极数分为单极、双极和_____。
2. 低压断路器在电路中用作分、合电路，同时具有_____、_____、失压保护功能，并能实现_____。
3. 低压熔断器是低压配电系统中用于保护电气设备免受_____损害的一种保护电器。
4. 常用的低压熔断器有瓷插式、_____式、_____式等。
5. 低压配电屏适用于三相交流系统中，额定电压_____V、额定电流_____A及以下低压配电室的电力及照明配电等。

二、判断题（正确的打"√"，错误的打"×"）

1. 刀开关应垂直安装在开关板上，并使动触头在上方。（　　）
2. 低压断路器不宜安装在容易振动的地方。（　　）
3. 低压断路器一般应垂直安装，灭弧罩位于下部。（　　）

三、单项选择题（将正确答案的序号填入括号内）

1. 螺旋式熔断器的常用型号是（　　）。
   A. RC　　　　B. RL1　　　　C. RM　　　　D. RT0
2. 瓷插式熔断器用于交流（　　）的低压电路，作为电气设备的短路保护。
   A. 380～220V　　　　　　　　B. 500～220V
   C. 1000～380V　　　　　　　D. 1200～380V
3. 螺旋式熔断器一般用在电流不大于（　　）的电路中，作为短路保护元件。
   A. 100A　　　　B. 150A　　　　C. 200A　　　　D. 250A

四、多项选择题（将正确答案的序号填入括号内）

1. 低压断路器的形式有（　　）几种。
   A. 振动式　　　B. 装置式　　　C. 框架式　　　D. 混合式
2. 低压配电屏有（　　）几种类型。
   A. 固定式　　　B. 离墙式　　　C. 靠墙式　　　D. 抽屉式

五、简答题

熔断器安装时有哪些要求？

第六节　变配电系统调试

一、填空题

1. 变压器绝缘电阻一般用兆欧表测量，1kV以下变压器选用_____V兆欧表，

1kV及以上变压器选用_____V兆欧表。

2. 变压器的吸收比是用兆欧表分别测_____s和_____s时的绝缘电阻来确定。

3. 在施工现场常采用_____法来判断变压器的连接组别。

4. 测量变压器变比通常采用_____法和_____法。

5. 线路的检测与通电试验包括：_____试验、测量重复接地装置的接地电阻、_____、线路通电检查。

二、判断题（正确的打"√"，错误的打"×"）

1. 若三相电力变压器绕组的直流电阻大于10Ω时，可选用直流双臂电桥进行测量。（ ）

2. 变压器空载试验是在高压侧施加额定电压，低压侧开路时测量空载电流I_0和空载功率损耗p_0。（ ）

3. 电流互感器的交接试验应包括伏安特性曲线测试。（ ）

4. 低压断路器必须进行过电流脱扣器的长延时、短延时和瞬时动作电流的整定试验。（ ）

三、单项选择题（将正确答案的序号填入括号内）

1. 变压器的（ ）是两台及两台以上变压器能否并联运行的重要条件之一。
   A. 容量　　　　　B. 变比　　　　　C. 功率　　　　　D. 体积

2. 当变压器现场安装及上述试验完成后，还需进行（ ）。
   A. 绕组连接组别的测试　　　　B. 空载试验
   C. 工频交流耐压试验　　　　　D. 额定电压冲击合闸试验

四、多项选择题（将正确答案的序号填入括号内）

1. 三相变压器空载损耗可采用（ ）测量。
   A. 一瓦特表法　　　　　　　　B. 二瓦特表法
   C. 三瓦特表法　　　　　　　　D. 四瓦特表法

2. 在进行工频交流耐压试验时，如果出现异常现象，则变压器可能（ ）。
   A. 主绝缘损坏　　　　　　　　B. 油内含有气泡杂质
   C. 铁芯较紧　　　　　　　　　D. 铁芯松动

五、简答题

1. 简述电力变压器系统调试的工作内容。
2. 为什么要测量三相电力变压器绕组的直流电阻？
3. 如何进行变压器绕组连接组别的测试？
4. 为什么要进行变压器的工频交流耐压试验？
5. 简述送配电装置系统调试的工作内容。

六、问答题

1. 互感器调试的内容有哪些？
2. 室内高压断路器调试有哪些内容？

第十章 配线工程

第一节 槽板配线

一、填空题

1. 槽板按材料可分为_____和_____两种；线槽可分为_____和_____两种。
2. 槽板的锯断和弯曲可用_____或特制的_____。
3. 拼接槽板的形式有三种：即_____、_____、分支拼接。
4. 槽板固定的程序为_____、_____及槽板固定。
5. 当导线敷设到_____、_____、_____或接头处要留出线头，一般以100mm为宜。

二、判断题（正确的打"√"，错误的打"×"）

1. 槽板配线方式适用于民用建筑和古建筑的修复，干燥房屋内的照明线路及室内线路的改造。（　　）
2. 槽板内电线可以设接头，电线连接设在器具处。（　　）
3. 木槽板的内外应光滑、无棱刺，应经阻燃处理，塑料槽板表面应有阻燃标识。（　　）
4. 为便于使导线在接头时辨认，接线正确，一条槽板内应敷设同一回路的导线。（　　）
5. 槽板应沿房屋的线脚、横梁、墙角等处敷设，也可敷设在顶棚和墙壁内。（　　）
6. 槽板穿过墙壁或楼板时，导线应穿入预先埋好的保护管内。（　　）

三、单项选择题（将正确答案的序号填入括号内）

1. 槽板配线时，在配电箱及集中控制的开关板等处，导线余量为配电箱或开关板的（　　）。
   A. 全周长　　　　B. 半周长　　　　C. 200mm　　　　D. 300mm
2. 敷设于木槽板内的导线，其额定电压不低于（　　）V。
   A. 220　　　　　B. 380　　　　　C. 500　　　　　D. 750
3. 固定底板时，根据划线所确定的固定点位置，槽板底板固定点间距应小于（　　）mm。
   A. 100　　　　　B. 200　　　　　C. 300　　　　　D. 500

四、简答题

1. 建筑电气工程施工验收规范对槽板配线有何要求？
2. 采用槽板配线方式时，敷设导线应注意哪些事项？

第二节 线槽配线

一、填空题

1. 由金属线槽引出的线路，可采用金属管、硬塑管、半硬塑管、_____或采用

_____等配线方式。

2. 地面内暗装金属线槽敷设时，可直接敷设在_____、_____，或预制混凝土楼板的垫层内。

3. 由配电箱、电话分线箱及接线端子箱等设备引至线槽的线路，宜采用金属配线方式引入_____，或以_____直接引入线槽。

二、判断题（正确的打"√"，错误的打"×"）

1. 金属线槽配线方式一般适用于正常的室内场所明配，但不适用于有严重腐蚀的场所。（ ）

2. 金属线槽施工时在连接处、进出接线盒、转角处设置支转点即可。（ ）

3. 导线或电缆在金属线槽中敷设时，同一回路的所有相线和中性线应敷设在同一金属线槽内。（ ）

4. 导线或电缆在金属线槽中敷设时，同一路径的线路，可敷设在同一金属线槽内。（ ）

5. 金属线槽应可靠接地或接零，线槽的所有非导电部分的铁件均应相互连接时，线槽本身有良好的电器连续性，也可作为设备的接地导体。（ ）

6. 地面内暗装金属线槽敷设时，强、弱电线路一般应采用分槽敷设。（ ）

7. 塑料线槽配线适用于正常环境的室内外场所，尤其是潮湿及酸碱腐蚀的场所。（ ）

三、单项选择题（将正确答案的序号填入括号内）

1. 金属线槽敷设时，线槽内导线或电缆的总截面不应超过线槽内截面积的（ ），载流导线不宜超过（ ）根。

  A. 10% 20   B. 20% 30   C. 30% 35   D. 40% 40

2. 当设计无规定时，包括绝缘层在内的导线总截面积不应大于金属线槽截面积的（ ）。

  A. 30%   B. 40%   C. 50%   D. 60%

3. 地面内暗装金属线槽敷设时，线槽的直线段长度超过（ ）时宜加装接线盒。

  A. 4m   B. 5m   C. 6m   D. 7m

四、简答题

1. 简述导线或电缆在金属线槽中敷设的注意事项。

2. 简述塑料线槽配线的规定。

第三节　塑料护套线配线

一、填空题

1. 塑料护套线具有防潮和耐腐蚀等性能，可用于_____和具有_____的特殊场所。

2. 塑料护套线多用于照明线路，可以直接敷设在_____、_____等建筑物表面上。

3. 塑料护套线的_____和_____，应做在接线盒内。

4. 塑料护套线配线穿过墙壁和楼板时，应加保护管，保护管用_____、_____

或瓷管。

5. 塑料护套线与不发热的管道及接地导体紧贴交叉时，要加装＿＿＿＿＿＿；在易受机械损伤的场所，要加装＿＿＿＿＿＿。

二、判断题（正确的打"√"，错误的打"×"）

1. 塑料护套线敷设时，不得直接埋入抹灰层内暗设或建筑物顶棚内。（ ）
2. 室外受阳光直射的场所可采用明配塑料护套线。（ ）
3. 当护套线穿过建筑物的伸缩缝、沉降缝时，在跨缝的一段导线两端，应可靠固定，并做成弯曲状留有一定裕量。（ ）
4. 当导线水平敷设距地面低于 2.2m，垂直敷设距地面低于 1.8m 时，应加管保护。（ ）

三、简答题

简述塑料护套线的安装位置及施工程序。

第四节 导管配线

一、填空题

1. 导管配线应安全可靠，避免＿＿＿＿＿＿的侵蚀和＿＿＿＿＿＿，更换导线方便。
2. 导管配线通常有明配和暗配两种。明配是把线管敷设于＿＿＿＿＿＿、＿＿＿＿＿＿等表面明露处，要求横平竖直、整齐美观。暗配是把线管敷设于＿＿＿＿＿＿、＿＿＿＿＿＿或楼板内等处，要求管路短、弯曲少，以便于穿线。
3. 导管的选择，应根据敷设环境和设计要求决定导管＿＿＿＿＿＿和＿＿＿＿＿＿。常用的导管有＿＿＿＿＿＿、＿＿＿＿＿＿、金属软管和瓷管等。
4. 为防止钢管生锈，在配管前应对管子进行除锈、刷防腐漆。钢管外壁刷漆要求与＿＿＿＿＿＿及＿＿＿＿＿＿有关。
5. 为便于穿线，管子的弯曲角度，一般不应大于＿＿＿＿＿。管子弯曲可采用＿＿＿＿＿、＿＿＿＿＿或用热揻法。
6. 钢管采用管箍连接时，要用＿＿＿＿＿＿或＿＿＿＿＿＿作跨接线焊在接头处，使管子之间有良好的电气连接，以保证接地的可靠性。
7. 钢管与设备连接时，应将钢管敷设到设备内；如不能直接进入时，可在钢管出口处加＿＿＿＿＿＿或＿＿＿＿＿＿引入设备。

二、判断题（正确的打"√"，错误的打"×"）

1. 导管切割时应采用钢锯、电动无齿锯或气割进行切割。（ ）
2. 钢管明敷时，焊接钢管应刷一道防腐漆，一道面漆（若设计无规定颜色，一般用褐色漆）。（ ）
3. 钢管进入灯头盒、开关盒、接线盒及配电箱时，暗配管可用焊接固定，管口露出盒（箱）应小于5mm。（ ）
4. 当电线管路遇到建筑物伸缩缝、沉降缝时，应装设补偿盒。（ ）
5. 硬塑料管沿建筑物表面敷设时，在直线段上每隔20m要装设一只温度补偿装置，以适应其膨胀性。（ ）

6. 管内穿线工作一般应在管子全部敷设完毕及土建地坪结束后，粉刷工程未开始前进行。在穿线前应将管中的积水及杂物清除干净。（　　）

7. 镀锌和壁厚不大于4mm的钢导管不得套管熔焊连接。（　　）

三、单项选择题（将正确答案的序号填入括号内）

1. 导管规格的选择应根据管内所穿导线的根数和截面决定，一般规定管内导线的总截面积（包括外护层）不应超过管子截面积的（　　）。
　　A. 20%　　　B. 30%　　　C. 40%　　　D. 50%

2. 管子长度每超过（　　），有一个弯时中间应增设接线盒。
　　A. 8m　　　B. 15m　　　C. 20m　　　D. 30m

3. 导管配线方式中，钢管不论是明配还是暗敷，一般都采用（　　）连接。
　　A. 管箍　　　B. 插接　　　C. 焊接　　　D. 熔焊

4. 钢管采用管箍连接时，跨接线焊接应整齐一致，焊接面不得小于接地线截面的（　　）倍。
　　A. 3　　　B. 4　　　C. 5　　　D. 6

5. 钢管进入灯头盒、开关盒、接线盒及配电箱时明配管应用锁紧螺母或护帽固定，露出锁紧螺母的丝扣为（　　）扣。
　　A. 2　　　B. 2~4　　　C. 5　　　D. 4~6

6. 明配硬塑料管在穿楼板易受机械损伤的地方应用钢管保护，其保护高度距楼板面不应低于（　　）mm。
　　A. 200　　　B. 300　　　C. 400　　　D. 500

7. 导线截面70~95mm^2，长度为（　　）垂直敷设时，应在管口处或接线盒中加以固定。
　　A. 10m　　　B. 15m　　　C. 20m　　　D. 25m

四、简答题

1. 简述钢管暗设的施工程序。
2. 施工验收规范对管内穿线有何要求？

第五节　电缆配线

一、填空题

1. 在电缆敷设施工前应检验电缆_____、_____、_____等是否符合设计要求，表面有无损伤等。
2. 并联使用的电力电缆，应采用_____、_____及长度都相同的电缆。
3. 直埋电缆敷设时，电缆沟的宽度，应根据_____与散热所需的_____而定。
4. 对重要回路的电缆接头，宜在其两侧约_____开始的局部段，按_____方式敷设电缆。
5. 电缆桥架按材质分为_____和_____。
6. 电缆桥架是指金属电缆有孔托盘、无孔托盘、_____及_____的统称。
7. 电缆桥架内的电缆应在_____、_____、_____及每隔50m处，设置编号、型号、规格及起止点等标记。

8. 电缆中间头的主要作用是确保电缆_____和_____。

二、判断题（正确的打"√"，错误的打"×"）

1. 敷设电缆时应留有一定余量的备用长度，用作温度变化引起变形时的补偿和安装检修。（ ）

2. 埋地敷设的电缆，在无机械损伤情况下，可采用有外护层的铠装电缆、塑料护套电缆或带外护层的（铅、铝包）电缆。（ ）

3. 直埋电缆穿越城市街道时，穿入保护管的内径应不小于电缆外径的1.2倍。（ ）

4. 电缆进入建筑物时，所穿保护管应超出建筑物散水坡50mm。（ ）

5. 电缆托盘、梯架经过伸缩沉降缝时，电缆桥架、梯架应断开，断开距离以100mm左右为宜。（ ）

6. 同一路径向一级负荷供电的双路电源电缆可以敷设在同一层桥架上。（ ）

7. 电缆桥架在穿过防火墙及防火楼板时，应采取防火隔离措施。（ ）

三、单项选择题（将正确答案的序号填入括号内）

1. 在电缆敷设施工前对6kV及以下的电缆应做（ ）试验。
   A. 交流耐压   B. 测试绝缘电阻   C. 直流泄露   D. 电网相位

2. 直埋敷设时，电缆埋设深度不应小于（ ）m，穿越农田时不应小于（ ）m。
   A. 0.5 0.7   B. 0.6 0.8   C. 0.7 1   D. 0.8 1.1

3. 直埋电缆与铁路、公路、街道、厂区道路交叉时，穿入保护管应超出保护区段路基或街道路面两边各（ ）m，管的两端宜伸出道路路基两边各（ ）m。
   A. 0.5 1   B. 1 2   C. 1.2 1.5   D. 1.5 2

4. 电缆直埋敷设时，电缆长度应比沟槽长出（ ），作波状敷设。
   A. 1.5%~2%   B. 2.5%~3%   C. 3%~4%   D. 4%~5%

5. 敷设在电缆沟的电缆与热力管道、热力设备之间的净距，平行时不应小于（ ）m，交叉时不应小于（ ）m。
   A. 0.5 0.25   B. 0.8 0.4   C. 1 0.5   D. 2 1

6. 电缆桥架（托盘、梯架）水平敷设时的距地高度，一般不宜低于（ ）m；垂直敷设时应不低于（ ）m。
   A. 2 1.5   B. 2.5 1.8   C. 2.7 2   D. 3 2.5

四、简答题

1. 电缆的敷设方式有哪些？
2. 简述电缆直埋敷设的施工程序。
3. 电缆敷设在电缆沟或隧道的支架上时，按什么顺序排列？
4. 电力电缆的试验项目有哪些？

第六节 母线安装

一、填空题

1. 支持绝缘子一般安装在墙上，配电柜金属支架或建筑物的构架上，用以固定

_____或_____，并与地绝缘。

2. 支架通常采用_____或_____，根据设计施工图制作。
3. 母线的固定方法有_____、_____和_____。
4. 为保证硬母线的安全运行和安装方便，有时还需装设_____和_____等设备。
5. 封闭插接母线的固定形式有_____和_____安装两种。
6. 封闭式插接母线应按_____、_____、_____、方向和标志正确放置。
7. 母线支架可按用户要求由厂家配套供应也可以自制，采用_____和_____制作。

二、判断题（正确的打"√"，错误的打"×"）

1. 硬母线通常作为变配电装置的配电母线，不可作为大型车间和电镀车间的配电干线。（   ）
2. 当母线较长时应装设母线补偿器，以适应母线温度变化的伸缩需要。（   ）
3. 绝缘子的安装程序包括开箱、检查、清扫、组合开关、固定、接地、刷漆。（   ）
4. 封闭母线的施工程序为：设备开箱检查调整→支架制作安装→封闭插接母线安装→通电测试检验。（   ）
5. 封闭式插接母线是一种以组装插接方式引接电源的新型电器配线装置，用于额定电压380V，额定电流1000A及以下的三相四线配电系统中。（   ）

三、单项选择题（将正确答案的序号填入括号内）

1. 当安装空间较小，电流较大或有特殊要求时，可采用（   ）。
   A. 硬铝母线　　　B. 硬铜母线　　　C. 铜芯电缆　　　D. 铝芯电缆
2. 支架安装的间距要求是：母线为水平敷设时，不应超过（   ）m；垂直敷设时，不应超过（   ）m；或根据设计确定。
   A. 1　0.5　　　B. 2　1　　　C. 3　2　　　D. 4　3
3. 穿墙套管主要用于（   ）kV及以上电压的母线或导线。
   A. 0.22　　　B. 0.38　　　C. 6　　　D. 10
4. 封闭插接母线水平敷设时，至地面的距离不应小于（   ）m，垂直敷设时距地面（   ）m。
   A. 1.2　0.8　　　B. 1.5　1.2　　　C. 2.2　1.8　　　D. 2.5　1.5
5. 母线应按设计要求和产品技术规定组装，组装前应逐段进行绝缘测试，其绝缘电阻值不得小于（   ）MΩ。
   A. 0.25　　　B. 0.5　　　C. 1　　　D. 1.5
6. 电缆桥架（托盘、梯架）水平敷设时的距地高度，一般不宜低于（   ）m；垂直敷设时应不低于（   ）m。
   A. 2　1.5　　　B. 2.5　1.8　　　C. 2.7　2　　　D. 3　2.5

四、简答题

1. 硬母线的安装应符合什么要求？
2. 简述硬母线的相序排列及涂色标准。

第七节　架空配电线路

一、填空题

1. 导线的作用是_____和_____。
2. 绝缘子必须具有良好的_____和_____，同时承受导线的垂直荷重和水平荷重。
3. 金具按其作用分为_____、_____和拉线金具。
4. 按电杆在线路中的作用可分为直线杆、耐张杆、_____、_____、跨越杆和分支杆。
5. 横担按材质可分为_____、_____、_____三种。
6. 低压接户线的绝缘子应安装在_____上，装设牢固可靠，导线截面大于_____以上时应采用蝶式绝缘子。
7. 高压接户线的绝缘子应安装在_____上，通过_____进入建筑物。
8. 低压架空进户线穿墙时，必须采用_____，伸出墙外部分应设置_____；高压架空进户线穿墙时，必须采用_____。

二、名词解释

1. 接户线装置
2. 进户线装置

三、简答题

1. 简述架空线路的组成部分及作用。
2. 简述架空配电线路施工的主要内容。

第十一章 电气照明工程

第一节 电气照明基本线路

一、填空题

1. 根据工作场所对照度的不同要求，照明方式可分为_____、_____、_____三种方式。
2. 凡存在因故障停止工作而造成重大安全事故，或造成重大政治影响和经济损失的场所必须设置_____照明。
3. 在正常照明发生故障时，为保证处于危险环境中工作人员的人身安全而设置的一种应急照明，称为_____。
4. 一般建筑物或构筑物的高度不小于_____ m时，需装设障碍照明，且应装设在建筑物或构筑物的_____部位。
5. 电光源主要分为两大类，即：_____光源和_____光源，金属卤化物灯属于_____光源。
6. 高压水银灯靠_____而发光，按结构可分为_____式和_____式两种。
7. 荧光灯接线必须要有配套的_____、_____等附件。

二、判断题（正确的打"√"，错误的打"×"）

1. 正常照明可与应急照明和值班照明同时使用，控制线路不必分开。（　　）
2. 备用照明提供给工作面的照度不能低于正常照明照度的30%。（　　）
3. 卤钨灯的突出特点是在灯管（泡）内充入惰性气体的同时加入了微量的卤素物质。（　　）
4. 卤钨灯多制成管状，灯管的功率一般都比较小。（　　）
5. 直管型荧光灯有日光色、白色、暖白色等多种灯管，但没有彩色灯管。（　　）
6. 钠灯具有省电、光效高、透雾能力强等特点。（　　）
7. 开关必须接在相线上，零线不进开关。（　　）

三、单项选择题（将正确答案的序号填入括号内）

1. 镝灯和钪钠灯属于（　　）。
   A. 卤钨灯　　B. 荧光灯　　C. 金属卤化物灯　　D. 霓虹灯
2. 被人们誉为"小太阳"的弧光放电灯是（　　）。
   A. 溴钨灯　　B. 钠铊铟灯　　C. 氖气灯　　D. 氙灯

四、多项选择题（将正确答案的序号填入括号内）

1. 普通白炽灯的灯头形式分为（　　）几种。
   A. 十字口　　B. 插口　　C. 特型口　　D. 螺口

2. 目前国内常用的卤钨灯主要有（　　）几类。
   A. 氟钨灯　　　　B. 荧光灯　　　　C. 溴钨灯　　　　D. 碘钨灯
3. 普通白炽灯泡的常用型号有（　　）。
   A. PZ　　　　　　B. PS　　　　　　C. PP　　　　　　D. PQ
4. 异形荧光灯主要有（　　）几种形式。
   A. S形　　　　　B. U形　　　　　C. 环形　　　　　D. 双D形
5. 紧凑型荧光灯的特点是（　　）。
   A. 体积小　　　　B. 光效高　　　　C. 安装方便　　　D. 造型美观

五、画图题
画出荧光灯控制线路的接线图和平面图。

六、识图题
下图是楼梯灯兼做应急疏散照明控制原理图，请简述其工作原理。

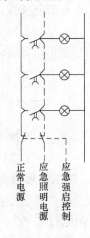

七、简答题
简述灯具的组成、作用和类型。

八、问答题
1. 照明有哪些种类？各有什么功能？
2. 照明方式分为哪几种？它们的特点是什么？

第二节　电气照明装置安装

一、填空题
1. 吊灯的主要配件有吊线盒、＿＿＿＿＿＿、＿＿＿＿＿＿等。
2. 吊灯的安装程序是测定、＿＿＿＿＿＿、打眼、＿＿＿＿＿＿、＿＿＿＿＿＿、灯具安装、接线、＿＿＿＿＿＿。
3. 同一工程中成排安装的壁灯，安装高度应一致，高低差不应大于＿＿＿＿＿＿ mm。
4. 嵌入顶棚内的灯具应固定在＿＿＿＿＿＿上，导线不应贴近＿＿＿＿＿＿。
5. 一般敞开式灯具，在室外灯头对地面距离不小于＿＿＿＿＿＿ m。
6. 危险性较大及特殊危险场所，当灯具距地面高度小于 2.4m 时，使用额定电压为

_____V 及以下的照明灯具，或有_____措施。

7. 灯开关安装位置应便于操作，开关边缘距门框的距离宜为_____m；开关距地面高度宜为_____m；拉线开关距地面高度宜为_____m，且拉线出口应垂直向下。

8. 跷板式开关只能_____装，扳把开关不允许_____装，扳把向上时表示_____，向下时表示_____。

9. 车间及试（实）验室的插座安装高度距地面不小于_____m；特殊场所暗装的插座不小于_____m；同一室内插座安装高度应_____。

10. 电铃安装高度，距顶棚不应小于_____mm，距地面不应低于_____m，室外电铃应装设在防雨箱内，下边缘距地面不应低于_____m。

二、判断题（正确的打"√"，错误的打"×"）

1. 灯具重量大于 3kg 时，应固定在螺栓或预埋吊钩上。（　　）
2. 灯具固定应牢固可靠，可以使用木楔。（　　）
3. 大型花灯的固定及悬吊装置，应按灯具重量的 3 倍做过载试验。（　　）
4. 对装有白炽灯的吸顶灯具，灯泡不应紧贴灯罩。（　　）
5. 壁灯安装在墙上时，一般在砌墙时应预埋木砖，可以用木楔代替木砖，也可以预埋螺栓或用膨胀螺栓固定。（　　）
6. 矩形灯具的边框宜与顶棚面的装饰直线平行，其偏差不应大于 5mm。（　　）
7. 当灯具距地面高度小于 2m 时，灯具的可接近裸露导体必须接地（PE）可靠或接零（PEN）可靠，并应有接地螺栓，且有标识。（　　）
8. 并列安装的拉线开关的相邻间距不应小于 10mm。（　　）
9. 当不采用安全型插座时，儿童活动场所安装高度不小于 1.3m。（　　）
10. 接地（PE）或接零（PEN）线在插座间不串联连接。（　　）
11. 电铃安装好时，应调整到最响状态，用延时开关控制电铃，应整定延时值。（　　）
12. 吊扇扇叶距地高度不小于 2m，壁扇下侧边缘距地面高度不小于 1.8m。（　　）

三、单项选择题（将正确答案的序号填入括号内）

1. 灯具重量在（　　）及以下时，采用软电线自身吊装。
   A. 0.5kg　　　　B. 1kg　　　　C. 1.5kg　　　　D. 2kg

2. 花灯吊钩圆钢直径不应小于灯具挂销直径，且不应小于（　　）。
   A. 4mm　　　　B. 5mm　　　　C. 6mm　　　　D. 7mm

3. 对装有白炽灯的吸顶灯具，当灯泡与绝缘台间距离小于（　　）时，灯泡与绝缘台间应采取隔热措施。
   A. 4mm　　　　B. 5mm　　　　C. 6mm　　　　D. 7mm

4. 并列安装的相同型号开关距地面高度应一致，高度差不应大于（　　）。
   A. 1mm　　　　B. 2mm　　　　C. 3mm　　　　D. 4mm

5. 电铃按钮（开关）应暗装在相线上，安装高度不应低于（　　）。
   A. 0.8m　　　　B. 1m　　　　C. 1.3m　　　　D. 1.5m

6. 吊扇挂钩安装牢固，吊扇挂钩的直径不小于吊扇挂销直径，且不小于（　　）。
   A. 5mm　　　　B. 6mm　　　　C. 7mm　　　　D. 8mm

四、多项选择题（将正确答案的序号填入括号内）

1. 荧光灯的安装方法有（   ）几种。
   A. 吸顶式　　　　B. 嵌入式　　　　C. 吊链式　　　　D. 吊管式
2. 下列能够明装的是（   ）。
   A. 跷板式　　　　B. 按钮　　　　　C. 插座　　　　　D. 电铃
3. 安全变压器的规格为（   ）。
   A. 3000VA　　　 B. 300VA　　　　C. 1000VA　　　 D. 500VA

五、简答题

1. 简述吊灯的安装要求。
2. 简述按钮的安装程序。
3. 简述插座的安装程序。
4. 插座的接线有哪些要求？
5. 简述安全变压器的安装程序。

六、问答题

1. 插座的安装有哪些要求？
2. 吊扇、壁扇安装有哪些要求？

第三节　配电箱的安装

一、填空题

1. 配电箱按产品可分为_____配电箱和_____配电箱。
2. 常用的标准照明配电箱有：XXM型、_____型、_____型和XX（R）P等型号。
3. 照明配电箱（盘）应安装牢固，垂直度允许偏差为_____；底边距地面为_____，照明配电板底边距地面不小于_____。
4. 照明配电箱（盘）内开关动作灵活可靠，带有漏电保护的回路，漏电保护装置动作电流不大于_____，动作时间不大于_____。

二、简答题

简述成套配电箱的安装程序。

三、问答题

照明配电箱（盘）的安装有哪些要求？

第四节　配电与照明节能工程施工技术要求

一、填空题

1. 低压配电系统选择的电缆、电线截面不得低于设计值，进场时应对其截面和_____进行见证取样送检。
2. 三相供电电压允许偏差为标称系统电压的_____；单相220V为_____、_____。

3. 照明值不得小于设计值的_____。

4. 母线与母线或母线与电器接线端子，当采用螺栓搭接连接时，应采用_____拧紧。

5. 三相电压不平衡允许值为_____，短时不得超过_____。

二、判断题（正确的打"√"，错误的打"×"）

1. 三相电压不平衡度的检测数量是全部。（　　）

2. 交流单芯电缆分相后的每相电缆宜品字型（三叶型）敷设，且不得形成闭合铁磁回路。（　　）

3. 银锌铝镀膜的金属化膜自愈式电容器，防电涌性能高。（　　）

4. 12kV低截流值高压真空负荷开关不能有效地防止变压器操作过电压。（　　）

三、简答题

功率因数补偿的一般原则是什么？

四、问答题

1. 输配电系统应如何节能？

2. 电气照明节能的一般原则是什么？

3. 照明控制节能的一般原则是什么？

第十二章 电气动力工程

第一节 吊车滑触线的安装

一、填空题

1. 常用的吊车有：_____、_____和梁式吊车等。
2. 吊车的电源通过_____供给，即配电线经_____对滑触线供电，吊车上的_____再由滑触线上取得电源。
3. 桥式吊车滑触线通常与吊车梁_____敷设，设置于吊车驾驶室的相对方向。而电动葫芦和悬挂梁式吊车的滑触线一般装在_____。
4. 滑触线长度超过_____时应装设补偿装置，以适应建筑物_____和_____而引起的变形。
5. 滑触线电源信号指示灯一般采用_____、经过分压的_____。
6. 滑触线安装完毕后，应清除滑触线上的_____、_____等杂物。
7. 除滑触线与集电器接触面外，其余均应刷_____和_____各一道，以显示是_____并防止角钢生锈。

二、简答题

1. 简述吊车滑触线的安装程序。
2. 吊车滑触线接通前，如何测定滑触线的绝缘情况？

第二节 电动机的安装

一、填空题

1. 电动机按电源的种类可分为_____和_____两种。
2. 三相交流异步电动机根据转子结构的不同分为_____和_____。
3. 电动机底座的基础一般用_____或_____。
4. 浇筑混凝土基础前，应预埋固定电动机基底的_____，其间距要符合电动机基座的_____要求。
5. 人字开口的长度是埋深长度的_____左右，也可用_____或_____固定。
6. 用螺母固定电动机基座时，要加_____和_____起防松作用。
7. 磁力启动器可以实现电机的停、转控制以及_____、_____、_____。
8. 软启动是一种新型的智能化启动装置，它利用单片机技术与电力半导体的结合可实现_____、_____、_____的特性。

二、判断题（正确的打"√"，错误的打"×"）

1. 电动机容量大小不同，但安装工作内容相同。（　　）
2. 电动机的基础尺寸应根据电动机基座尺寸确定。基础高出地面 $H=100\sim150$mm，长和宽各比电动机基座宽 100mm。（　　）
3. 紧固地脚螺栓的螺母时，按顺时针顺序拧紧，各个螺母拧紧程度应相同。（　　）
4. 当电动机没有铭牌或端子标号不清楚时，应先用仪表或其他方法进行检查，判断出端子号后再确定接线方法。（　　）
5. 软启动是一种新型的智能化启动装置，具有断相、短路、过载、欠压等保护功能，是替代自耦降压和星—三角启动器的新一代产品。（　　）

三、单项选择题（将正确答案的序号填入括号内）

1. 中心高度为 $355\sim630$mm，定子铁芯外径为 $500\sim1000$mm 的称为（　　）电动机。
   A. 小型　　　　B. 中型　　　　C. 大型　　　　D. 超大型
2. 浇筑混凝土基础养护期为（　　）天，砌砖基础养护期为（　　）天，要求基础面平整，养护期满方可安装电动机。
   A. 10　5　　　B. 12　6　　　C. 15　7　　　D. 16　8
3. 预埋在电动机基础中的地脚螺栓埋入长度为螺栓长度的（　　）倍左右。
   A. 4　　　　　B. 6　　　　　C. 8　　　　　D. 10
4. 有防振要求的电动机，在安装时用（　　）mm 厚的橡皮垫在电动机基座与基础之间，起到防振作用。
   A. 6　　　　　B. 8　　　　　C. 10　　　　　D. 15

四、简答题

1. 简述电动机的安装程序。
2. 电动机的控制设备有哪些？简述磁力启动器和软启动器的安装顺序。

第三节　电动机的调试

一、填空题

1. 动力成套配电（控制）柜、屏、台、箱、盘的_____、_____合格才能通电。
2. 电动机在_____情况下做第一次启动，运行时间宜为_____，并记录电动机的空载电流。
3. 当产品技术条件无规定时，可使电动机冷态时连续启动_____次，每次启动时间间隔不小于_____。

二、简答题

1. 电动机调试包括哪些内容？调试完毕需提交哪些技术资料？
2. 简述电动机调试的方法。

第十三章 防雷与接地装置安装

第一节 接地和接零

一、填空题
1. 电子计算机的接地方式主要有：_____和_____。
2. 一般电子设备的接地方式有：_____、_____、_____等。
3. 接地模块顶面埋深不小于_____，接地模块间距不应小于模块长度的_____倍。
4. 接地模块应集中引线，用干线把接地模块并联焊接成一个环路，干线的材质与_____的材质应相同，钢制的采用_____，引出线不少于两处。

二、名词解释
1. 工作接地
2. 保护接地
3. 工作接零
4. 保护接零
5. 重复接零
6. 防雷接地
7. 屏蔽接地

三、简答题
1. 故障接地有何危害？接地的连接方式分为几种？
2. 简述建筑物等电位联结有何要求。

第二节 防雷装置及其安装

一、填空题
1. 雷电的危害有三种方式，即_____、_____、_____。
2. 防雷装置主要由接闪器、_____和_____等组成。
3. 接闪器的类型主要有避雷针、避雷线、_____、_____和_____等。
4. 避雷网和避雷带宜采用_____和_____。
5. 避雷器用来防护雷电波沿线路侵入建筑物内，以免电气设备损坏。常用避雷器的类型有_____、_____等。
6. 引下线的敷设方式分为_____、_____两种。
7. 埋于土壤中的人工水平接地体宜采用_____、_____。

二、判断题（正确的打"√"，错误的打"×"）

1. 第一类防雷建筑物是指重要的或人员密集的大型建筑物。（　　）
2. 避雷针一般用镀锌圆钢或镀锌钢管制成，其长度在1m以下时，圆钢直径不小于10mm。（　　）
3. 建筑物顶部的避雷针、避雷带等必须与顶部外露的其他金属物体连成一个整体的电气通路，且与避雷引下线连接可靠。（　　）
4. 引下线应沿建筑物外墙暗敷，并经最短路径接地。（　　）
5. 埋于土壤中的人工垂直接地体宜采用角钢、钢管或螺纹钢。（　　）
6. 引下线的安装路径应短直，其紧固件及金属支持件均应采用镀锌材料，在引下线距地面1.8m处设断接卡子。（　　）

三、单项选择题（将正确答案的序号填入括号内）

1. 三类防雷建筑物是指建筑群中高于其他建筑物或边缘地带的高度为（　　）m以上的建筑物。

　　A. 5　　　　　　B. 10　　　　　　C. 15　　　　　　D. 20

2. 避雷针长度在1~2m时，圆钢直径不小于（　　）mm，钢管直径不小于（　　）mm。

　　A. 6　10　　　B. 10　25　　　C. 16　25　　　D. 20　32

3. 当引下线采用扁钢时，扁钢截面不应小于（　　）mm²，其厚度不应小于（　　）mm。

　　A. 24　4　　　B. 48　4　　　C. 24　6　　　D. 48　6

4. 明设安装时，应在引下线距地面上（　　）m至地面下（　　）m的一段加装塑料管或钢管保护。

　　A. 1.5　0.2　　B. 1.7　0.3　　C. 1.8　0.4　　D. 2　0.5

四、简答题

简述防雷装置的组成及作用。

第三节　接地装置的安装

一、填空题

1. 安装人工接地体时，一般应按设计施工图进行。接地体的材料均应采用镀锌钢材，并应充分考虑材料的_____和_____。
2. 垂直安装的人工接地体，一般采用_____或_____制作。
3. 水平接地体常见的形式有_____、_____和_____等几种。
4. 人工接地线一般包括_____、_____和接地支线等。
5. 接地支线与电气设备_____与_____的连接时，应采用螺钉或螺栓进行压接。
6. 电气设备接地装置的安装，应尽可能利用_____和_____，有利于节约钢材和减少施工费用。
7. 避雷装置的接地电阻一般为_____Ω、_____Ω、_____Ω，特殊情况要求在_____Ω以下。

8. 测量接地电阻的方法通常有_____，有时也采用电流表、电压表测量法。

二、判断题（正确的打"√"，错误的打"×"）

1. 垂直接地体的安装。安装垂直接地体时一般要先挖地沟，再采用打桩法将接地体打入地沟以下，接地体的有效深度不应小于2.5m。（ ）
2. 水平接地体所用的材料不应有严重的锈蚀或弯曲不平，否则应更换或矫直。（ ）
3. 移动式电气设备或钢质导线连接困难时，可采用有色金属作为人工接地线，但严禁使用裸铝导线作接地线。（ ）
4. 可以用一根接地支线把几个设备接地点串联后再与接地干线相连。（ ）
5. 不允许几根接地支线并联在接地干线的一个连接点上。（ ）
6. 明装敷设的接地支线，在穿越墙壁或楼板时，应穿管加以保护。（ ）
7. 在接地线引向建筑物内的入口处和在检修用临时接地点处，均应刷黑色底漆后标以白色接地符号。（ ）
8. 第三类防雷建筑物防直击雷时，每根引下线的冲击接地电阻不宜大于20Ω，但对省级重点文物的建筑物及省级档案馆等不宜大于10Ω。（ ）

三、单项选择题（将正确答案的序号填入括号内）

1. 垂直接地体每根接地极的水平间距应不小于（ ）m。
    A. 3   B. 4   C. 5   D. 6
2. 水平安装的人工接地体，其材料一般采用镀锌圆钢和扁钢制作。采用圆钢时其直径应大于（ ）mm；采用扁钢时其截面尺寸应大于（ ）mm²，厚度不应小于4mm。
    A. 6 50   B. 8 70   C. 10 100   D. 12 120
3. 明敷接地线表面应涂以（ ）mm 宽度相等的绿黄色相间条纹。
    A. 10～80   B. 15～100 C. 20～100   D. 25～120
4. 第二类防雷建筑物的引下线不应少于两根，并应沿建筑物四周均匀或对称布置，其间距不应大于（ ）m。每根引下线的冲击接地电阻不应大于（ ）Ω。
    A. 5 4   B. 15 6   C. 15 8   D. 18 10
5. 第一类防雷建筑物独立避雷针、架空避雷线或架空避雷网应有独立的接地装置，每一引下线的冲击接地电阻不宜大于（ ）Ω。
    A. 4   B. 10   C. 20   D. 30

四、简答题

1. 简述接地体的分类及安装要求。
2. 简述接地干线的安装要求。
3. 什么情况下接地线应做电气连接和设补偿装置？
4. 接地支线的安装分为哪几种情况？
5. 何为自然接地体和自然接地线？
6. 接地装置的涂色有何要求？

第十四章 智能建筑系统

第一节 共用天线电视系统

一、填空题

1. 智能建筑的重点是利用先进的技术对楼宇进行控制、通信和管理、强调实现楼宇三个方向自动化的功能，即_____、_____、_____。
2. 共用天线电视系统一般由_____、_____、_____和用户终端组成。
3. 传输分配网络由_____、_____、_____线路和传输电缆等组成。
4. 共用天线电视系统的安装主要包括_____、_____、_____和系统防雷接地等。
5. 用户盒分明装和暗装，明装用户盒可直接用_____和_____固定在墙上。
6. 电视天线防雷与建筑物防雷采用一组接地装置，接地装置做成_____，接地引下线不少于_____。
7. 同轴电缆的种类有：_____、_____和物理高发泡同轴电缆。
8. CATV 系统的调试包括以下内容：_____、_____干线系统调试、调试分配系统、验收。

二、简答题

1. CATV 系统的组成及功能有哪些？
2. CATV 系统的安装包括哪些方面？

第二节 其他智能建筑系统

一、填空题

1. 火灾自动报警系统由_____、_____和_____等部分组成。
2. 高层建筑常用的湿式消防系统，主要包括_____、_____和_____。
3. 传输分配网络由_____、_____、_____线路和传输电缆等组成。
4. 火灾探测器的类型主要感烟式、感温式、感光可燃、_____、_____等主要类型。
5. 感温火灾探测器响应_____、_____、_____等火灾信号。
6. 感光火灾探测器主要对火焰辐射出的_____、_____、_____予以响应。
7. 火灾报警控制器按其用途分为_____、_____和通用报警器。
8. 建筑物的广播音响系统一般有三种基本类型：_____、_____、专用的会议系统。

9. 广播音响系统一般由＿＿＿＿、＿＿＿＿、＿＿＿＿及扬声器系统组成。

10. 通信网络系统由＿＿＿＿、＿＿＿＿、＿＿＿＿及紧急广播系统等各子系统及相关设施组成。

11. 电话交换系统由＿＿＿＿、＿＿＿＿、＿＿＿＿三部分组成。

12. 程控交换机主要由＿＿＿＿、＿＿＿＿、＿＿＿＿等三部分组成。

13. 程控交换机预先把＿＿＿＿编成程序集中存放在＿＿＿＿中，然后由程序自动执行控制交换机的交换连续动作，从而完成用户之间的通话。

14. 电话通信设备包括＿＿＿＿、＿＿＿＿电话机。

二、简答题

1. 简述火灾自动报警系统的组成及功能。
2. 简述火灾探测器类型及用途。
3. 简述区域报警控制器和集中报警控制器的功能。
4. 简述广播音响系统的基本类型和组成。
5. 指出电话传输线路中常用的市话电缆。

第十五章 建筑电气工程施工图

第一节 电气工程施工图

一、填空题

1. 电气工程施工图图纸目录的内容包括：图纸的组成、_____、_____、图号顺序等，绘制图纸目录的目的是_____。
2. 设计说明主要阐明单项工程的概况、_____设计标准以及_____等。
3. 系统图是表明供电分配回路的_____和_____的示意图。
4. 电气工程施工图中一次线路用_____线型表示，屏蔽线路用_____线型表示。
5. SC 表示线路敷设方式为_____，TC 表示_____。
6. 照明平面图中有：$24\dfrac{2\times 40}{2.9}$ ch，其中 24 表示_____，2×40 表示_____，2.9 表示_____，ch 表示_____。
7. 进入二三孔双联暗插座的管内穿线有_____根线，进入双联单级搬把开关盒的导线有_____根，进入四联单级搬把开关盒的导线有_____根。

二、判断题（正确的打"√"，错误的打"×"）

1. 室外电气安装工程常采用绝对标高。（   ）
2. 材料表是电气工程施工图中不可缺少的内容。（   ）
3. 三层照明平面图的管线敷设在三层的地板中。（   ）
4. 四层动力平面图的管线敷设在四层的地板中。（   ）

三、绘图题

1. 绘制双绕组变压器的图例符号。
2. 绘制动力或动力—照明配电箱的图例符号。
3. 绘制照明配电箱（屏）的图例符号。
4. 绘制熔断器式隔离开关的图例符号。
5. 绘制花灯的图例符号。
6. 绘制带接地插孔的三相插座（暗装）的图例符号。
7. 绘制有功电能表（瓦时计）的图例符号。
8. 绘制火灾报警控制器的图例符号。
9. 绘制应急疏散指示标志灯的图例符号。
10. 绘制视频线路的图例符号。
11. 绘制你所在教学楼的建筑照明平面图和系统图。

四、解释下列文字符号的含义

1. BLX-3×4-SC20-WC

2. $3\dfrac{XL-3-2}{35.165}$

3. $28PKY501\dfrac{2\times40}{2.6}P$

4. $6\dfrac{2\times60}{}S$

五、识图题

1. 识读某住宅楼的照明配电系统图（图15-1）。

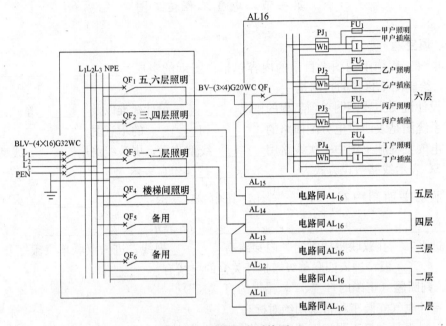

图15-1 照明配电系统图

2. 识读某办公楼的照明平面图（图15-2）。

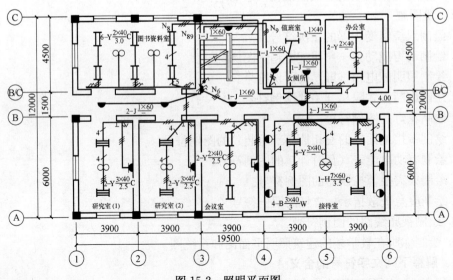

图15-2 照明平面图

3. 识读某车间电气动力平面图（图15-3），并简述其系统的组成。

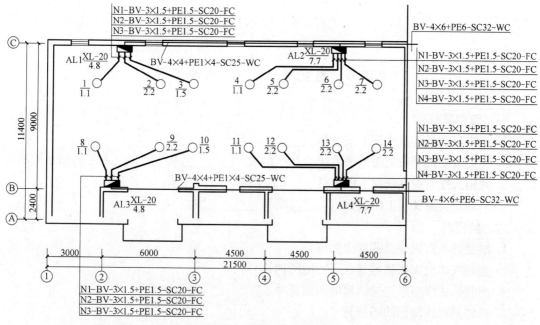

图15-3 电气动力平面图

4. 识读配电箱系统图（图15-4），并指出电器元件的规格、型号及数量。

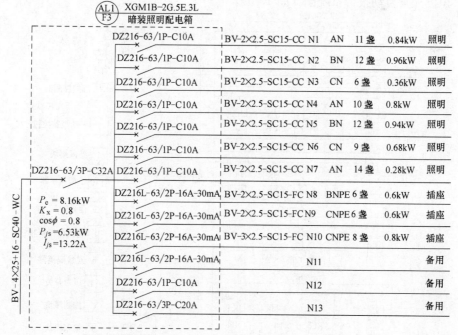

图15-4 配电箱系统图

六、简答题

1. 简述线路的文字标注格式。
2. 简述配电箱的文字标注格式。

3. 简述照明灯具的文字标注格式。

第二节　智能建筑电气工程施工图

一、填空题
1. 火灾自动报警系统施工图包括_____图和_____图。
2. 火灾自动报警系统图反映系统的基本组成、_____和_____之间的相互关系。
3. 共用天线电视系统施工图包括_____图和_____图。
4. 电话通信系统施工图包括_____图和_____图。

二、绘图题
1. 绘制感光火灾探测器的图例符号。
2. 绘制气体火灾探测器（点式）的图例符号。
3. 绘制缆式线型定温探测器的图例符号。
4. 绘制感温探测器的图例符号。
5. 绘制手动火灾报警按钮的图例符号。

三、识图题
1. 识读火灾自动报警系统图（图 15-5）。

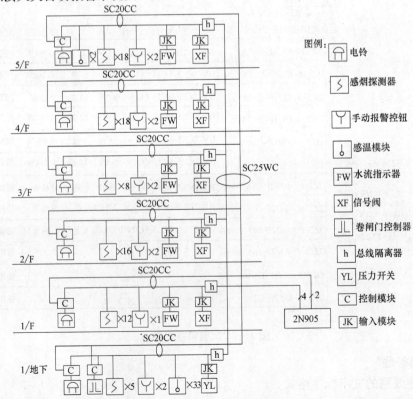

图 15-5　火灾自动报警系统图

2. 识读共用天线电视系统图（图15-6）。

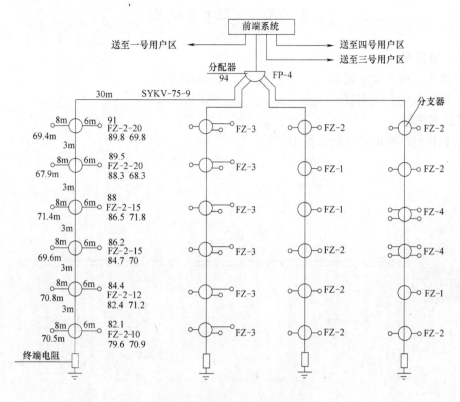

图15-6 共用天线电视系统图

3. 识读电话通信系统图（图15-7）。

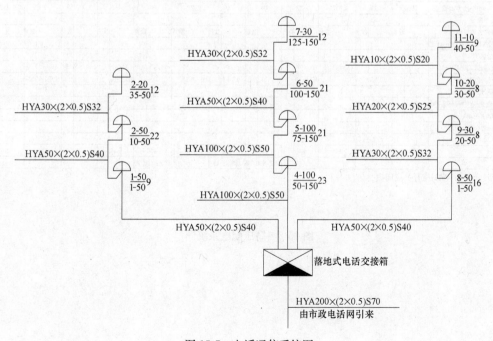

图15-7 电话通信系统图

第三节 变配电工程图

一、填空题

1. 高压配电系统图表示_____的分配方式。
2. 低压配电系统图表示_____的分配方式。

二、识图题

1. 识读高压配电系统图（图15-8）。

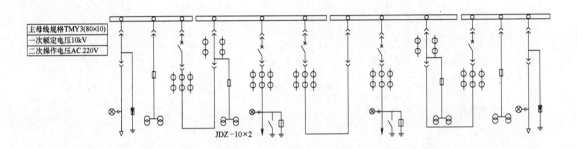

高压开关柜编号	1AH	2AH	3AH	4AH	5AH	6AH	7AH	8AH	9AH	10AH	11AH	12AH
用途	1'电源引入	PT	主进	计量	引出线	母线联络	母线分段	引出线	计量	主进	PT	2'电源引入
JYN4-10柜一次方案编号	19改	29	07	27	04	07	20	04	27	07	29	19改
二次原理图号												
主要原件名称规格	数量	数量	数量	数量	数量	数量	数量	数量	数量	数量	数量	数量
断路器ZN13-10/1250-31.5			1		1	1		1		1		
操动机构CT8			1		1	1		1		1		
电流互感器LZZBJ10-10			150/5^A 3	100/5^A 2	75/5 3	100/5^A 2		75/5^A 3	100/5^A 2	150/5^A 3		
电压互感器JDJ-10		10/0.1kV 2		JDZ-10 2					JDZ-10 2		10/0.1kV 2	
熔断器RN2-10		3		3					3		3	
氧化锌避雷器YCWZ1-12.7/45				3					3			
接地隔离开关JN4-10			1		1	1		1		1		
带电显示器GSN1-10/T2			1		1			1		1		1
避雷器Z2-10	3											1
柜宽mm	840	840	840	840	840	840	840	840	840	840	840	840
受电					SCZ$_3$-800/10	母联手动		SCZ$_3$-800/10				

注：1AH、6AH、10AH柜开关应闭锁。

图15-8 高压配电系统图

2. 识读低压配电系统图（图15-9）。

配电屏编号	5AA								6AA			
型号与规格	GGC1-39(改)								GGD1-38(改)			
屏宽(mm)	800								800			
用途	出线								进出线			
仪表	Ⓐ Ⓐ Ⓐ Ⓐ Ⓐ Ⓐ Ⓐ Ⓐ								Ⓐ Ⓐ Ⓐ Ⓐ Ⓐ Ⓐ Ⓥ			
一次系统 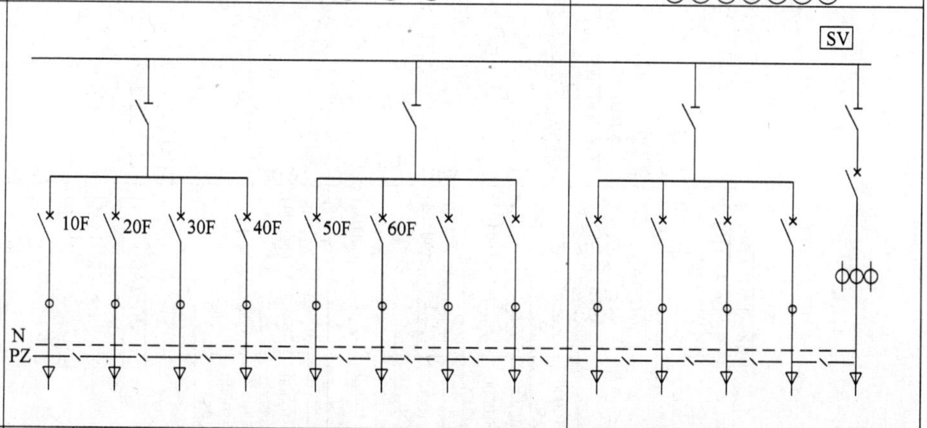	(10F 20F 30F 40F 50F 60F)											SV
回路编号	WP22	WP23	WP24	WP25	WP26	WP27	WP28	WP29	WP30	WP31	WP32	WP33	WP02
负荷名称	十二至十六层空调通风设备	八至十一层空调设备	四至七层空调设备	二层空调设备	三层空调设备	一层空调设备			地下人防层生活水泵	十六层电梯增压泵			空调回路进线
设计数据 设备容量(kW)	102	96	96	31	30	31			26	52			1331
需用系数													
计算负荷(kW)	49	46	46	25	24	25			26	64			268
计算电源(A)	93	88	88	48	46	48			52	49			596
刀开关	HD13-400/31			HD13-400/31					HD13-400/31				HD13-600/31
刀熔开关													
设备参数 自动开关CM1	100/3340 100A	100/3340 100A	100/3340 100A	100/3300 80A	100/3340 80A	100/3300 80A	100/3340 80A	100/3300 60A	100/3300 100A	100/3300 80A	100/3300 100A	100/3300 80A	600/3300 600A
电流互感器	150/5	150/5	150/5	75/5	75/5	75/5	75/5	150/5	75/5	150/5	150/5	75/5	(750/5)×3
电压表													
转换开关													1
电流表	0~150A	0~150A	0~150A	0~75A	0~75A	0~75A	0~75A	0~150A	0~75A	0~150A	0~150A	0~75A	(0~750A)×3
电度表													DT10CT
电线电缆 型号	VV	VV	VV	VV	VV	VV	VV		VV	BV			VV22
规格	4×35+1×16	4×35+1×16	4×35+1×16	4×35+1×16	4×35+1×16	4×35+1×16			3×25+2×16	3×25+2×16			2(3×185+1×95)
长度(m)													
敷设方式						SC50				SC50			
备注													

图15-9 低压配电系统图

3. 识读变电所主接线图（图15-10）。

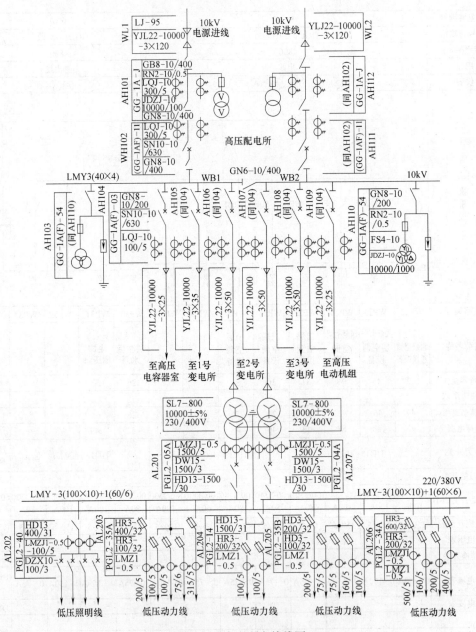

图15-10 变电所主接线图

三、简答题

变配电工程图主要由哪些图组成？

习题集参考答案

第一章 暖卫及通风工程常用材料

第一节 暖卫工程常用管材及管件

一、填空题

1. 无缝钢管、铜管、铸铁管
2. 白铁管、黑铁管
3. 外径×壁厚、mm

二、判断题（正确的打"√"，错误的打"×"）

1. √ 2. √ 3. × 4. × 5. × 6. ×
7. × 8. √ 9. × 10. × 11. ×

三、单项选择题（将正确答案的序号填入括号内）

1. D 2. C 3. B 4. A

四、多项选择题（将正确答案的序号填入括号内）

1. A、D 2. A、B、D 3. B、D 4. A、B、C、D

第二节 暖卫工程常用附件

一、填空题

1. 空气、蒸汽
2. 调节

二、判断题（正确的打"√"，错误的打"×"）

1. √ 2. ×

三、单项选择题（将正确答案的序号填入括号内）

1. A 2. B

四、多项选择题（将正确答案的序号填入括号内）

1. B、C 2. A、C 3. A、D

第三节 通风空调工程常用材料

一、填空题

1. 角钢、圆钢、扁钢、槽钢
2. 金属、非金属
3. 连接处、严密性

二、判断题（正确的打"√"，错误的打"×"）

1. √ 2. √ 3. √

三、单项选择题（将正确答案的序号填入括号内）

D

四、多项选择题（将正确答案的序号填入括号内）

A、B、C

第二章　供暖系统安装

第一节　供暖系统的组成及分类

一、填空题

1. 锅炉、供暖管道、散热设备　　　2. 低温水、高温水

二、判断题（正确的打"√"，错误的打"×"）

√

三、单项选择题（将正确答案的序号填入括号内）

D

四、多项选择题（将正确答案的序号填入括号内）

1. A、B、C　2. B、D　3. A、D

五、名词解释

单管系统：热介质顺序流过各组散热器并在它们里面冷却，这样的布置称为单管系统。

第二节　室内供暖系统的系统形式

一、填空题

1. 单双管混合　　　2. 汽化潜热

二、判断题（正确的打"√"，错误的打"×"）

√

三、单项选择题（将正确答案的序号填入括号内）

1. C　　2. C

四、多项选择题（将正确答案的序号填入括号内）

1. A、B、C、D　　　　2. A、C、D

五、名词解释

同程式系统：在布置供回水干管时，让连接立管的供回水干管中的水流方向一致，通过各个立管的循环环路长度基本相等，这样的系统就是同程式系统。

第三节　室内供暖系统的安装

一、填空题

1. 预留孔洞　　　2. 薄钢板　　　3. 预留孔洞

4. 0.1、0.3   5. 0.2、0.4

二、判断题（正确的打"√"，错误的打"×"）

1. √   2. ×   3. ×   4. ×   5. √   6. √
7. ×   8. ×   9. √   10. √

三、单项选择题（将正确答案的序号填入括号内）

1. D   2. C

第四节 辅助设备安装

一、填空题

1. 100～250、卧式、立式
2. 600、100   3. 除污器、阻塞

二、判断题（正确的打"√"，错误的打"×"）

×

第五节 散热器的安装

一、填空题

1. 对流、辐射   2. 散热器、辐射板、暖风机
3. 0.05、1.5、0.6   4. 通风机、电动机、空气加热器
5. 轴流式、离心式   6. 20

二、判断题（正确的打"√"，错误的打"×"）

1. ×   2. √   3. √   4. ×

三、单项选择题（将正确答案的序号填入括号内）

A

四、多项选择题（将正确答案的序号填入括号内）

1. A、B、C、D   2. A、B、C、D   3. A、B、C、D

五、简答题

答：试压：散热器组对后，以及整组出厂的散热器在安装前应作水压试验，试验压力如设计无要求时，应为工作压力的1.5倍，但不小于0.6MPa。检验方法是在试验压力下，试验时间为2～3min，压力不下降且不渗漏。防腐：散热器的除锈刷油可在组对前进行，也可在组对试压合格后进行。一般刷防锈漆两道，面漆一道。待系统整个安装完毕试压合格后，再刷一道面漆。

第六节 地面辐射供暖

一、填空题

1. 低温热水、发热电缆   2. 加热管、分水器、集水器
3. 100mm、300mm   4. 冷线、热线、冷热线接头

二、判断题（正确的打"√"，错误的打"×"）

1. √   2. √   3. √   4. ×   5. ×

三、单项选择题（将正确答案的序号填入括号内）

1. B 2. C

四、多项选择题（将正确答案的序号填入括号内）

1. A、C 2. A、B 3. A、B、C、D

五、简答题

1. 答：分水器、集水器的安装宜在铺设加热管之前进行。其水平安装时，分水器安装在上，集水器安装在下，中心距宜为200mm，集水器中心距地面不应小于300mm。在分水器之前的供水管上顺水流方向应安装阀门、过滤器及泄水管，在集水器之后回水管上应安装泄水阀及调节阀（或平衡阀）。每个支环路供、回水管上均应安装可关断阀门。分水器、集水器上均应设置手动或自动排气阀。

2. 答：水压试验应在系统冲洗之后进行。冲洗应在分水器、集水器以外主供、回水管道冲洗合格后，再进行室内供暖系统的冲洗。水压试验应分别在浇捣混凝土填充层前和填充层养护期满后进行两次，水压试验应以每组分、集水器为单位，逐回路进行。试验压力应为工作压力的1.5倍，且不应小于0.6MPa，在试验压力下，稳压1h，其压力降不应大于0.05MPa。

3. 答：发热电缆温控器的工作电流不得超过其额定电流。发热电缆温控器应水平安装，并应固定牢固，温控器应设在通风良好且不被风直吹处，不得被家具遮挡，温控器的四周不得有热源。

第七节 室外供热管道的安装

一、填空题

1. 1.8、0.7   2. 焊接钢管、无缝钢管、螺旋焊接钢管
3. 泄水阀、放气阀
4. 方形补偿器、波形补偿器、波纹管补偿器、套筒式补偿器、球形补偿器

二、判断题（正确的打"√"，错误的打"×"）

1. × 2. √ 3. × 4. ×

三、单项选择题（将正确答案的序号填入括号内）

B

四、多项选择题（将正确答案的序号填入括号内）

1. A、B、D   2. A、C、D   3. B、C、D

五、简答题

答：供热管道的水压试验压力应为工作压力的1.5倍，但不得小于0.6MPa。检验方法是在试验压力下10min内压力降不大于0.5MPa，然后降至工作压力下检查，不渗不漏。

第八节 室内燃气管道的安装

一、填空题

1. 人工煤气、液化石油气、天然气
2. 0.2MPa、0.1MPa

3. 热镀锌钢管、焊接钢管、无缝钢管
4. 柔性管、波纹补偿器
5. 支撑、10~15mm

二、判断题（正确的打"√"，错误的打"×"）

1. ×　2. ×　3. √　4. ×　5. ×　6. ×

三、多项选择题（将正确答案的序号填入括号内）

1. A、B、C、D　　2. A、B

四、简答题

答：室内燃气管道系统在投入运行前需进行试压、吹扫。室内燃气管道只进行严密性试验。试验范围自调压箱起至灶前倒齿管止或引入管上总阀起至灶前倒齿管接头。试验介质为空气，试验压力（带表）为5kPa，稳压10min，压降值不超过40Pa为合格。严密性试验完毕后，应对室内燃气管道系统吹扫。吹扫时可将系统末端用户燃烧器的喷嘴作为放散口，一般也用燃气直接吹扫，但吹扫现场严禁火种，吹扫过程中应使房屋通风良好，及时冲淡排出燃气。

第三章　给水排水系统的安装

第一节　室内给水系统的分类及组成

一、填空题

1. 生活给水系统、生产给水系统、消防给水系统
2. 干、立、支

二、简答题

答：由引入管、水表节点、给水管道、给水附件、升压和贮水设备、室内消防设备等部分组成。

第二节　室内给水系统的给水方式

一、填空题

1. 隔膜式气压给水设备、补气式气压给水设备
2. 变压式气压给水设备、定压式气压给水设备
3. 气压水罐（密闭钢罐）、空气压缩机、控制部件、水泵

二、判断题（正确的打"√"，错误的打"×"）

1. √　2. √

三、简答题

1. 答：建筑内部给水系统给水方式的6种基本类型的适用范围及特点如下：①直接给水方式：该给水方式适用于室外管网水量和水压充足，能够全天保证室内用户用水要求的地区。优点是简单，投资少，安装维修方便，能够充分利用室外管网水压；缺点是无贮备水量，供水的安全可靠性差。②设水箱的给水方式：该给水方式适用于室外管网水压周期性不足及室内用水要求水压稳定。优点是有一定贮水量，供水安全性较好；缺点是设置

了高位水箱不利于抗震，给建筑物的立面处理带来困难。③设水泵给水方式：该给水方式多用于当室外管网水压经常不足，并且建筑物不允许设置水箱，允许水泵直接从室外管网吸水和室内用水较均匀时。与设水箱的给水方式相比，优点是系统无高位水箱，有利于抗震；缺点是无贮备水量，供水的安全可靠性差。④设水池、水泵和水箱的给水方式：该给水方式多用于当室外给水管网水压经常不足，而且不允许水泵直接从室外管网吸水和室内用水不均匀时。优点是供水安全性更好，水箱容积较小，水泵工作经常处在高效率下，省电，管理可自动化。⑤设气压给水方式装置的给水方式：该给水方式适用于室外管网水压经常不足，不宜设置高位水箱的建筑。优点是设备便于隐蔽，安装方便，水质不易受污染，投资省，建设周期短，便于实现自动化等；缺点是调节能力小。⑥分区供水方式：该给水方式适用于室外给水管网的压力只能满足建筑物下面几层供水要求的层数较多建筑物。优点是充分利用室外管网水压，具有一定的贮备水量，供水的安全可靠性较好。

2. 答：罐内空气起始压力高于管网所需设计压力，水在压缩空气作用下被送到室内管网。随着水量减少，水位下降，罐内空气容积增大，压力减小，当压力降到最小设计值时，水泵会在压力继电器的作用下自动启动，此时罐内压力上升到最大设计值，水泵又在压力继电器的作用下自动停转，如此往复的工作。

第三节 室内热水供应系统

一、填空题

1. 热源、加热设备、热水管
2. 全循环热水供应方式、半循环热水供应方式、不循环热水供应方式

二、单项选择题（将正确答案的序号填入括号内）
D

三、简答题

答：①局部热水供应系统：供水范围小，一般靠近用水点设置小型加热设备供一个或几个用水点用，管路短，热损失小，用于热水用量小且较分散的建筑物。②集中热水供应系统：供水范围较大，热水在锅炉房或换热站集中制备，供一幢或几幢建筑用，管网较复杂，设备多，一次投资大，用于耗热大，用水点多而集中的建筑。③区域热水供应系统：供水范围大，热水在区域锅炉房的热交换站制备，管网复杂，热损大，设备多，自动化程度高，一次投资大，用于城市片区、居住小区整个建筑群。

第四节 室内给水系统管道安装

一、填空题

1. 严格防水、柔性防水套管　　2. 5m、1.5～1.8m、高度
3. 塑料套管、20mm　　4. 基础、预留、预埋件
5. 100～200mm、100mm　　6. 进水阀、卫生器具
7. 金属、100mm　　8. 8、10～30mm、±10mm

二、判断题（正确的打"√"，错误的打"×"）

1. ×　2. ×　3. √　4. √　5. √　6. √　7. √

三、单项选择题（将正确答案的序号填入括号内）

1. B 2. D 3. C 4. C

四、简答题

1. 答：明装管道成排安装时，直线部分应互相平行。曲线部分：当管道水平或垂直并行时，应与直线部分保持等距；管道水平上下并行时，弯管部分的曲率半径应一致。

2. 答：一般程序是：引入管→水平干管→立管→横支管→支管。

3. 答：立管安装前，应在各层楼板预留孔洞，自上而下吊线并弹出立管安装的垂直中心线，作为安装的基准线；按楼层预制好立管单元管段，即按设计标高，自各层地面向上量出横支管的安装高度，在立管垂直中心线上划出十字线，用尺丈量各横支管三通（顶层为弯头）的距离，得各楼层预制管段长度，用比量法下料，编号存放以备安装使用；每安装一层立管，应按要求设置管卡；校核预留横支管管口高度、方向，并用临时丝堵堵口；给水立管与排水立管、热水立管并行时，应设于排水立管外侧、热水立管右侧；为便于在检修时不影响其他立管的正常供水，每根立管的始端应安装阀门，并在阀门的后面安装可拆卸件（活接头）；立管穿楼板时应设套管，并配合土建堵好预留孔洞，套管与立管之间的环形间隙也应封堵。

4. 答：①在试压管段系统中高处装设排气阀，低点设泄水试压装置；②向系统内注入洁净水，注水时应先打开管路各高处的排气阀，直至系统内的空气排尽，满水后关闭排气阀和进水阀，当压力表指针移动时，应检查系统有无渗漏，否则应及时维修；③打开进水阀，启动注水泵缓慢加压到一定值，暂停加压对系统进行检查，无问题再继续加压，直至达到试验压力值（工作压力的 1.5 倍，但不得小于 0.6MPa），试验压力下稳压 1h，压力降不得超过 0.05MPa，然后在工作压力的 1.15 倍状态下稳压 2h，压力降不得超过 0.03MPa，同时检查各连接处不得渗漏；④将水压试验结果填入管道系统试压记录表。

第五节　室内消防给水系统安装

一、填空题

1. 镀锌钢管、≤100mm、＞100mm

2. 防冻防寒

3. 阻燃材料

4. 顶层（或水箱间内）、首层、试射

5. 0.002～0.005

6. 过滤器

7. 1.2m、排水

8. 镀锌钢管、焊接钢管

9. 50mm、65mm

10. 挂置式、盘卷式、卷置式、托架式

11. 明装、暗装、半暗装

12. 地上式（SQ）、地下式（SQX）、墙壁式（SQB）

13. 引入管、干管、立管、支管

14. 直角单阀单出口、45°单阀单出口、单角单阀双出口、单角双阀双出口

15. 湿式、干式、干湿式、雨淋式

16. 水力警铃、水流指示器、压力开关

二、判断题（正确的打"√"，错误的打"×"）

1. × 2. × 3. √ 4. √ 5. ×

三、单项选择题（将正确答案的序号填入括号内）

1. B 2. A 3. C 4. C

四、多项选择题（将正确答案的序号填入括号内）

1. A、B、C、D 2. B、C 3. A、B 4. B、C 5. B、C

6. A、B、D 7. B、C、D

五、简答题

1. 答：多层建筑室内消火栓灭火系统由消火栓、水龙带、水枪、消防卷盘（消防水喉设备）、水泵接合器以及消防管道、水箱、增压设备、水源等组成。

2. 答：自动喷水灭火系统的安装程序一般为：安装准备工作→干管安装→立管安装→水流指示器及报警阀安装→喷洒分层干管安装→管道试压→管道清洗→洒水喷头安装→通水试调等。

3. 答：消火栓给水管道系统安装的一般程序为：安装准备工作→干管安装→立管安装→消火栓箱及支管安装→管道试压→管道防腐→管道清洗等。

4. 答：自动喷水灭火系统由水源、加压贮水设备、喷头、管网、报警装置等组成。根据喷头的开、闭形式和管网充水与否，自动喷水灭火系统分为湿式喷水灭火系统、干式喷水灭火系统、干湿式两用喷水灭火系统、预作用式喷水灭火系统、雨淋喷水灭火系统、水幕灭火系统和水喷雾灭火系统。

第六节 建筑中水系统安装

一、填空题

1. 干管端、各支管始端、进户管始端

2. 收集、贮存、处理

3. 建筑内部中水系统、建筑小区中水系统、城市区域中水系统

4. 中水原水系统、中水原水处理系统、中水供水系统

二、单项选择题（将正确答案的序号填入括号内）

1. C 2. A 3. C

三、多项选择题（将正确答案的序号填入括号内）

1. C、D 2. B、C、D

四、简答题

1. 答：(1) 中水指各种排水经处理后达到规定的水质标准，可在生活市政环境等范围内杂用的非饮用水。

(2) 中水水质比生活饮用水水质差，比污废水水质好，因此主要有以下用途：①冲洗厕所，用于各种卫生器具的冲洗；②绿化，用于浇灌各种花草树木；③洗车，用于各种汽车的冲洗保洁；④浇洒道路，用于冲洗道路上的污泥赃物或防止道路上的尘土飞扬；⑤空调冷却，用于补充集中式空调系统冷却水蒸发和漏失；⑥用于消防灭火；⑦用于补充各种水

景因蒸发或漏失而减少的水量；⑧用于小区垃圾场地冲洗、锅炉的保湿除尘等；⑨用于建筑施工用水。

2．（答案略）

第七节　室内排水系统的安装

一、填空题

1．生活污水排水系统、工业污（废）水排水系统、雨雪水排水系统

2．污（废）水受水器、排水管道、通气管、清通装置、提升设备

3．排水支管、排水干管、排出管

4．检查井、自带清通门的弯头、三通、存水弯

5．水泵、气压扬液器、手摇泵

6．隐蔽、灌水

7．塑料管、铸铁管、混凝土管

8．检查口、清扫口

9．便溺用卫生器具、盥洗淋浴用卫生器具、洗涤用卫生器具、专用卫生器具

10．20m、3.0m

11．检查口、清扫口

二、判断题（正确的打"√"，错误的打"×"）

1．×　2．√　3．×　4．√　5．√　6．√　7．×　8．×　9．√　10．√

三、单项选择题（将正确答案的序号填入括号内）

1．D　2．C　3．B　4．B　5．B　6．A　7．B　8．C　9．D　10．C

11．B　12．B　13．C　14．B

四、多项选择题（将正确答案的序号填入括号内）

1．C、D　　2．B、D　　3．A、B　　4．A、C　　5．B、C、D

6．A、B　　7．A、C　　8．A、B

五、名词解释

1．将生活污水排水系统、工业污（废）水排水系统、雨雪水排水系统这三类排水系统，分别设置管道排出建筑物外的排水体制。

2．将生活污水排水系统、工业污（废）水排水系统、雨雪水排水系统这三类排水系统，其中两类或两类以上污（废）水合用同一管道排出的排水体制。

六、简答题

1．答：通气管的作用是排出排水管道中的有害气体和臭气、平衡管内压力，减少排水管道内气压变化的幅度，防止水封因压力失衡而被破坏，保证水流畅通。

2．答：室内排水管道安装程序一般是：安装准备工作→排出管安装→底层埋地横管及器具支管安装→立管安装→通气管安装→各层横支管安装→器具短支管安装等。

3．答：卫生器具安装的一般程序是：安装前的准备工作→卫生器具及配件安装→卫生器具与墙、地缝隙处理→卫生器具外观检查→满水、通水试验等。

4．答：卫生器具交工前应做满水和通水试验。

检验方法：满水后各连接件不渗不漏；通水试验给、排水畅通。

第八节　室外给水排水管道安装

一、填空题

1. 架空敷设、地下敷设
2. 法兰、卡套式
3. 上方
4. 下游、放气阀
5. 120m、150m、2m、5m
6. 1.5倍、0.6MPa、10min、0.05MPa
7. 混凝土管、钢筋混凝土管、排水铸铁管、塑料管
8. 平基法、垫块法、"四合一"法
9. 灌水试验、通水试验、畅通、无堵塞
10. 除锈、石油沥青漆

二、判断题（正确的打"√"，错误的打"×"）

1. √　2. √　3. ×　4. ×　5. √　6. √　7. √　8. √

三、单项选择题（将正确答案的序号填入括号内）

1. B　2. B　3. B　4. B　5. B　6. B　7. C

四、多项选择题（将正确答案的序号填入括号内）

1. A、B、C、D　2. A、B、C　3. B、C、D　4. A、B、C、D　5. A、D
6. A、B、C

五、简答题

1. 答：其管道安装程序一般为：测量放线→开挖沟槽→沟基处理→下管→管道安装→试压、回填。

2. 答：新铺生活给水管道竣工后，均应进行冲洗消毒，以清除管道内的焊渣、污物等杂质，使给水水质符合生活给水水质要求。冲洗后，拆除管道中已安装的水表，以短管代替，同时在管道末端设置几个放水点排除冲洗水。冲洗工作一般在夜间进行，冲洗水的流速应不小于0.7m/s。

管道消毒一般采用漂白粉。将配好的消毒液随水流一起加入管中，浸泡24h后放水，并用清水冲洗干净，直至排出水中无杂质，且管内的含氯量和细菌量经检测后满足水质标准的要求。

3. 答：应在当地的冰冻线以下，如必须在冰冻线以上铺设时，应做可靠的保温防潮措施。在无冰冻地区，埋地敷设时，管顶的覆土埋深不得小于500mm，穿越道路部位的埋深不得小于700mm。

4. 答：试验压力为工作压力的1.5倍，但不得小于0.6MPa。当管材为钢管、铸铁管时，试验压力下10min内压力降不应大于0.05MPa，然后降至工作压力进行检查，压力应保持不变，不渗不漏；管材为塑料管时，试验压力下，稳压1h压力降不大于0.05MPa，然后降至工作压力进行检查，压力应保持不变，不渗不漏。

5. 答：（1）用堵板封闭试验管段起点和终点的检查井，在起点检查井的管沟边设置试验水箱，其高度应高出起点检查井管顶1m。

（2）将进水管接至堵板下侧，挖好排水沟，使水箱向管内充水。

（3）量好水位后观察管道接口及管材是否严密不漏。

6. 答：安装程序一般为：测量放线→开挖沟槽、沟基处理→下管→管道安装→灌水、

通水试验、回填。

第四章 管道系统设备及附件安装

第一节 离心式水泵安装

一、填空题

1. 地脚螺栓、基础、75%
2. 3倍
3. 底阀、真空引水
4. 70℃、80℃
5. 基础中心线
6. 小于
7. 止回阀、水锤
8. 3.2、0.1

二、判断题（正确的打"√"，错误的打"×"）
1. ×　　2. √　　3. √　　4. ×

三、单项选择题（将正确答案的序号填入括号内）
1. C　　2. C　　3. B　　4. C　　5. C　　6. A

四、多项选择题（将正确答案的序号填入括号内）
1. B、D　　　　2. A、B　　　　3. A、B、C

五、简答题
答：水泵的安装程序为：安装前的准备→放线定位→基础预制→水泵安装及附件安装→泵的试运转。

第二节 阀门、水表和水箱安装

一、填空题

1. 开启状态、关闭状态
2. 100mm、止回阀
3. 25、阀门
4. 底阀
5. 真空引水
6. 螺翼式水表、旋翼式水表
7. 200
8. 40～50

二、判断题（正确的打"√"，错误的打"×"）
1. √　　2. ×　　3. √　　4. √　　5. ×　　6. √　　7. ×

三、单项选择题（将正确答案的序号填入括号内）
1. A　　2. D　　3. C　　4. B　　5. B　　6. C

四、多项选择题（将正确答案的序号填入括号内）

1. A、B、D   2. A、B、D   3. B、C   4. A、C、D
5. A、B、C、D   6. A、D

五、简答题

1. 答：检验方法：满水试验静置 24h 观察，不渗不漏；水压试验在试验压力下 10min 压力不降，不渗不漏。

2. 答：(1) 自制水箱的型号、规格应符合设计或标准图的规定，且经满水试验不渗漏。

(2) 购买的成品水箱其型号、规格应符合设计要求，并具有出厂合格证和产品质量证明，应对其进行外观检查和验收。

(3) 安装在混凝土基础上的水箱，应对基础施工及验收，合格并达到强度规定后方可进行安装。

(4) 水箱安装尺寸应符合设计规定，安装应平整牢固。

(5) 对钢板焊制的水箱应按设计规定进行内外表面的防腐，对有保温要求的其保温材料的种类、厚度应符合设计规定。

第三节　管道支架安装

一、填空题

1. 位移、变形   2. 固定支架、活动支架
3. 滚柱、滚珠

二、判断题（正确的打"√"，错误的打"×"）

1. √   2. √

三、单项选择题（将正确答案的序号填入括号内）

1. D   2. C

四、多项选择题（将正确答案的序号填入括号内）

1. A、B、D   2. A、B、C、D   3. A、B、C、D

五、简答题

1. 答：支架的作用是支撑管道，并限制管道位移和变形，承受从管道传来的内压力、外荷载及温度变形的弹性力，并通过支架将这些力传递到支承结构或地基上。

2. 答：在固定支架上，管道被牢牢地固定住，不能有任何位移。固定支架应能承受管子及其附件、管内流体、保温材料等的重量（静荷载），同时，还应承受管道因温度压力的影响而产生的轴向伸缩推力和变形压力（动荷载），因此，固定支架必须有足够的强度。

3. 答：导向支架是为了限制管子径向位移，使管子在支架上滑动时，不至于偏移管子轴心线而设置的。

4. 答：(1) 位置正确，埋设应平整牢固。

(2) 固定支架与管道接触应紧密，固定应牢靠。

(3) 滑动支架应灵活，滑托与滑槽两侧间应留有 3～4mm 的间隙，纵向移动量应符合设计要求。

(4) 无热伸长管道的吊架、吊杆应垂直安装。
(5) 有热伸长管道的吊架、吊杆应向热膨胀的反方向偏移。
(6) 固定在建筑结构上的管道支、吊架不影响结构的安全。

第五章 通风空调系统的安装

第一节 通风空调系统的分类及组成

一、填空题

1. 排风、送风、设备装置
2. 局部通风、全面通风、自然通风、机械通风
3. 机械通风、风机
4. 空调、温度、湿度
5. 冷热源、空气输送管网

二、简答题

1. 答：通风工程的任务是把室外的新鲜空气送入室内，把室内受到污染的空气排到室外。通风工程的作用在于消除生产过程中产生的粉尘、有害气体、高度潮湿和辐射热的危害，保持室内空气清洁和适宜，保证人的健康和为生产的正常进行提供良好的环境条件。

2. 答：空气的主要处理方式包括热湿处理和净化处理两大类，其中热湿处理是最基本的处理方式，它可简单地分为加热、冷却、加湿和除湿四种。

3. 答：根据空调设备的设置情况可将空调系统分为以下三类：

(1) 集中式空调系统，是将各种空气处理设备和风机都集中到空气处理室，对空气进行集中处理后，由送风系统（风管）将处理好的空气送至各个空调房间。

(2) 分散式空调系统，把冷源、热源、空气处理设备、风机及自动控制系统等全部组装在一起的空调机组，直接放在空调房间内就地处理空气的一种局部空调方式，例如窗式空调、立式空调柜等。

(3) 半集中式空调系统，除有集中的空气处理室外，在各空调房间内还设有二次处理设备（如风机盘管或诱导器），对来自集中处理室的空气进一步补充处理。

第二节 通风空调系统管道的安装

一、填空题

1. 圆形、矩形
2. 咬口、接口余量
3. 长度、周边长
4. 手工剪切、机械剪切
5. 单咬口、按扣式咬口、手工咬口、机械咬口
6. 风管之间、风管与配件
7. 等边角钢、扁钢
8. 对角角钢法、压棱法
9. 风管位置、平直度和坡度、承受风管荷载
10. 托架、吊架
11. 4、3
12. 法兰接口数量
13. 防雨罩、1.5

14. 防火阀、止回阀

二、判断题（正确的打"√"，错误的打"×"）

1. √ 2. √ 3. √ 4. × 5. √ 6. √ 7. × 8. √

三、单项选择题（将正确答案的序号填入括号内）

1. C   2. D   3. C

四、多项选择题（将正确答案的序号填入括号内）

1. A、B、C、D   2. A、B、D、E

五、简答题

1. 答：常用的管材有金属材料和非金属材料两种。金属材料：普通薄钢板、镀锌钢板、不锈钢板、塑料复合板，非金属材料：硬聚氯乙烯板、玻璃钢、混凝土、砖等。

2. 答：风管的加工制作包括放样下料、剪切、薄钢板的咬口、矩形风管的折方、圆形风管卷圆、合口及压实（较厚钢板合口后焊接）、管端部安装法兰等操作过程。

3. 答：风管的安装有组合连接和吊装两部分。组合连接：将预制好的风管及管件，按编号顺序排列在施工现场的平地上，组合连接成适当长度的管段，如用法兰连接应设垫片。吊装：用起重吊装工具如捯链等，将其吊装就位于支架上，找平找正后用管卡固定即可。

第三节 通风空调系统设备的安装

一、填空题

1. 找平、找正、1∶2水泥砂浆

2. 150~250、风机的出入口处、噪声

3. 片式、管式、阻抗复合式

4. 旋风除尘器、湿式除尘器、布袋除尘器、静电除尘器

5. 牢固平稳、进出口方向、垂直度

6. 粗效、中效、高效、同级   7. 严密无缝

8. 半集中式、空调房间内

9. 保持水平、严密不漏不渗、清污、堵塞

10. 80%、保证坡度   11. 表面冷却器、排水装置

二、判断题（正确的打"√"，错误的打"×"）

1. × 2. × 3. × 4. √ 5. × 6. √ 7. √

三、多项选择题（将正确答案的序号填入括号内）

1. A、B、C、D   2. B、C、D   3. A、B、C、E

四、简答题

1. 答：(1) 风机的就位与找平。

(2) 风机的稳固。

(3) 出风弯管或活动金属百叶的安装。

2. 答：风机在基础上安装分为直接用地脚螺栓紧固在基础上的直接安装和通过减振器、垫的安装两种形式。

离心式风机有三种基础形式：直联式、联轴器传动式、皮带传动式。

3. 答：根据设计要求确定安装位置；根据安装位置选择支、吊架的类型，并进行支、吊架的制作和安装；风机盘管安装并找平、固定。

第四节　通风空调系统的调试

一、填空题

1. 安装完毕
2. 设备单机、系统无生产负荷下的联合
3. 2h
4. 70、80
5. 70、70
6. 稳固、异常振动
7. 8h
8. 10%、10%

二、判断题（正确的打"√"，错误的打"×"）

1. ×　2. ×　3. √　4. √　5. ×　6. ×　7. √

三、简答题

答：调试是检验设备单机的运转是否正常，系统的联合运转是否正常，以发现存在的问题并进行排除，确保通风空调系统的正常运行，达到设计要求。

第五节　通风空调节能工程施工技术要求

一、填空题

1. 《建筑节能工程施工质量验收规范》
2. 设备、管道、阀门、仪表
3. 监理工程师（建设单位代表）
4. 防热桥
5. 连接应严密、漏风量的检测
6. 单机试运转和调试、风量平衡调试
7. 动作试验、封口

二、判断题（正确的打"√"，错误的打"×"）

1. ×　2. √　3. √　4. √　5. ×

三、多项选择题（将正确答案的序号填入括号内）

A、B、C、D

四、简答题

答：风机盘管机组的安装应符合下列规定：

(1) 规格、数量应符合设计要求；
(2) 位置、高度、方向应正确，并便于维护和保养；
(3) 机组与风管、回风箱及风口的连接应严密、可靠；
(4) 空气过滤器的安装便于拆卸和清理。

第六章　管道防腐与绝热保温

第一节　管道防腐

一、填空题

1. 清理、除锈
2. 防锈漆、面漆

3. 防腐保护作用、警告及提示作用、区别介质的种类、美观装饰作用

4. 手工除锈、机械除锈和化学除锈

二、判断题（正确的打"√"，错误的打"×"）

×

三、单项选择题（将正确答案的序号填入括号内）

D

四、多项选择题（将正确答案的序号填入括号内）

1. A、B　　2. A、B、C、D

五、简答题

1. 答：在金属管道与设备表面涂刷防腐材料，主要是为防止或减缓金属管材、设备的腐蚀，延长系统的使用寿命；有时为起警告、提示作用，也在管道、设备的外表面上涂刷不同色彩的防腐涂料。

2. 答：①防腐作业一般应在系统试压合格后进行。②防腐作业现场应有足够场地，作业环境应无风沙、细雨，气温不宜低于5℃，不宜高于40℃，相对湿度不宜大于85％。③涂装现场应有防风、防火、防冻、防雨措施。④防止中毒事故发生，根据涂料的性能，按安全技术操作规程进行施工。⑤备齐防腐操作所需机具，如钢丝刷、除锈机、砂轮机、空压机、喷枪、毛刷等。

3. 答：①合理地选用管材；②涂覆保护层；③添加衬里；④电镀；⑤采取电化学保护。

第二节　管道绝热保温

一、填空题

1. 气孔、鼓泡、开裂

2. 绝热层（保温层）、防潮层、保护层

二、判断题（正确的打"√"，错误的打"×"）

1. ×　　2. √　　3. ×

三、单项选择题（将正确答案的序号填入括号内）

1. D　　2. A

四、多项选择题（将正确答案的序号填入括号内）

A、B、C、D

五、简答题

1. 答：①保温施工应在除锈、防腐和系统试压合格后进行，注意并保持管道与设备外表面的清洁干燥。②保温结构层应符合设计要求。一般保温结构由绝热层、防潮层和保护层组成。③保温层的环缝和纵缝接头不得有空隙，其捆扎钢丝或箍带间距为150～200mm，并扎牢。防潮层、保护层搭接宽度为30～50mm。④防潮层应严密，厚度均匀，无气孔、鼓泡和开裂等缺陷。⑤石棉水泥保护层，应有镀锌钢丝网，抹面分两次进行，要求平整、圆滑、无显著裂缝。⑥缠绕式保护层，重叠部分为带宽的1/2。应裹紧，不得有皱褶、松脱和鼓包。起点和终点扎牢并密封。⑦阀件或法兰处的保温应便于拆装，法兰一侧应留有螺栓的空隙。法兰两侧空隙可用散状保温材料填满，再用管壳或毡类材料绑扎

好,再做保护层。

2. 答:操作方法是先按管径大小,将棉毡剪裁成适当宽度的条块,再把这种块缠包在已作好防腐层的管子上。包缠时应将棉毡压紧,边缠、边压、边抽紧,使保温后的密度达到设计要求。如果一层棉毡的厚度达不到保温层厚度时,可用多层分别缠包,要注意两层接缝错开。每层纵横向接缝处用同样的保温材料填充,纵向接缝应在管顶上部。

3. 答:先在保温层外贴一层石油沥青油毡,然后包一层六角镀锌钢丝网,钢丝网接头处搭接宽度不应大于 75mm,并用 16 号镀锌钢丝绑扎平整;然后涂抹湿沥青橡胶粉玛蹄脂 2~3mm 厚;再用厚度为 0.1mm 玻璃布贴在玛蹄脂上,玻璃布纵向和横向搭接宽度应不小于 50mm;最后在玻璃布外面刷调合漆两道。

第七章 暖卫通风工程施工图

第一节 暖卫工程施工图

一、填空题

1. 室内、室外
2. m、第三位、第二位
3. 设计施工说明、给水排水平面图、给水排水系统图、详图
4. 管道的走向、管道与设备的位置关系
5. 平面图、剖面图、详图
6. 散热器的位置及数量
7. 热力入口、管道附件、检查井
8. 热源、热水、蒸汽
9. 平面图、剖面图、工艺流程图
10. 锅炉房、室外管道工程
11. 标记和编号

二、判断题(正确的打"√",错误的打"×")

1. √ 2. √ 3. × 4. √ 5. ×

三、单项选择题(将正确答案的序号填入括号内)

1. B 2. A 3. D

四、多项选择题(将正确答案的序号填入括号内)

1. A、B、C、D 2. A、B、C、D 3. B、C、D 4. A、C
5. A、B、C、D 6. A、B、C、D 7. A、B、C、D 8. A、D、E

五、简答题

1. 答:(1)建筑给水常用管材有塑料管、复合管、钢管、铜管及铸铁管。

(2)建筑排水常用的管材有排水铸铁管、塑料管、钢管和耐酸陶土管,工业废水还可用陶瓷管、玻璃钢管、玻璃管等。

2. 答:排水通气管不得与风道或烟道连接,且应符合下列规定:

(1)通气管应高出屋面 300mm,但必须大于积雪厚度。

(2)在通气出口 4m 以内有门、窗时,通气管应高出门、窗顶 600mm 或引向无门、窗的一侧。

(3)在经常有人停留的平屋顶上,通气管应高出屋面 2m,并应根据防雷要求设置防雷装置。

3. 答：(1) 集气罐：一般设于热水供暖系统供水干管或干管末端的最高处。

(2) 自动排气阀：应设于系统的最高处，对热水供暖系统最好设于末端最高处。

(3) 手动排气阀：适用于公称压力 $P \leqslant 600$ kPa，工作温度 $t \leqslant 100$℃ 的热水或蒸汽供暖系统的散热器上。

六、识图题

1. 答：从系统图中可以看出，给水系统的编号为 J/1，给水引入管径为 50mm，在室外设有一个截止阀，引入管在室外的标高为 -1.000m；给水立管管径在一层为 50mm，至标高 0.450m 处开始分支，此时立管管径变为 32mm，自立管到脸盆一段的横管管径为 25mm，第一个洗脸盆到第二个洗脸盆的管径改为 20mm，分支管管径为 15mm，洗连盆标高为 1.200mm。给水立管在标高 3.650m 处立管管径变成 25mm，由此分出的给水横管管径也为 25mm，其走向及各用水器具之间的距离及设置与一层完全相同；给水立管在标高 6.850m 处接给水横管，横管管径、用水器具的设置及走向与一、二层相同。

2. 答：从平面图上可看出各层卫生间内的设置完全相同，各层卫生间内均设有蹲式大便器两个、洗脸盆两个、污水池一个，卫生间地面设有地漏一个。有一根给水立管，三根排（污）水立管，其中有两根是排污水立管。同时还可看出给水排水立管的位置。

3. 答：从系统图中可以看出，这是一个水平式供暖系统，采用下供下回的形式。供水总管和回水总管标高都为 -1.60m，管径均为 DN50。供水总管按水流方向在标高 -0.90m 处形成两个分支，分支后的管径变为 DN40，分别供给给水立管 1 (N1) 和给水立管 2 (N2)。供水立管 1 在标高 -0.30m 处管径变为 DN32，其沿水平方向把热水供给 1~2 层散热器，供水干管的直径为 DN32。热水在散热器集中散热后，经回水立管 1' (N1') 回到回水干管，在与从回水立管 2' 出来的回水汇合后，回水干管的直径变为 DN50，回水干管中的水最终流至外网。

七、绘图题（答案略）

第二节 通风空调工程施工图

一、填空题

1. 剖面图、系统图、原理图　　2. 系统编号、送回风口

3. 冷热水管道、凝结水管道、介质流向、坡度

4. 空气处理设备、风管系统、水管系统、尺寸标注

5. 系统剖面图、机房剖面图、冷冻机房剖面图

6. 风管底标高、风管中心标高　　7. 独立性、完整性、分系统

8. 冷冻水、热水、蒸汽

9. 制冷设备、空调箱、循环使用

二、判断题（正确的打"√"，错误的打"×"）

1. ×　　2. √　　3. ×　　4. √

三、多项选择题（将正确答案的序号填入括号内）

1. A、B、C、D　　2. A、D　　3. B、C

四、简答题

1. 答：(1) 先阅读图纸目录以了解该工程图纸张数、图纸名编号等概况。

（2）阅读设计施工说明，从中了解系统的形式、系统的划分及设备布置等工程概况。

（3）仔细阅读有代表性的图纸。在了解工程概况的基础上，根据图纸目录找出反映通风空调系统布置、空调机房布置、冷冻机房布置的平面图，从总平面图开始阅读，然后阅读其他平面图。

（4）阅读辅助性图纸。平面图不能清楚地全面地反映整个系统情况，因此，应根据平面图上的提示的辅助图纸（如剖面图、详图）进行阅读。对整个系统情况，可配合系统图阅读。

（5）最后阅读其他内容。在读懂整个系统的前提下，再回头阅读施工说明及设备材料明细表，了解系统的设备安装情况、零部件加工安装详图，从而把握图纸的全部内容。

2. 答：空调水管道系统包括：空调冷冻水（冷媒）循环系统；冷却水循环系统；热水（热媒）循环系统；软水补水系统和凝结水管。凝结水管是排除在夏季空调系统运行时产生的凝结水的管道。

五、识图题

答：从几张平面图中，可以了解这个带有新、回风的空调系统的情况。首先是建筑物内的空气从各回风管道的回风口被吸入地下室的空调机房，然后从空调机组的③段的进风口进入空调机组。同时新风也从室外被吸入到空调机房，并从空调机组的进风口进入空调机组。新风与回风混合经过空调箱处理后，经送风管通过通风竖井送至各层送风管道的送风口将空气送至室内。这显然是一个一次回风（新风与室内回风在空调箱内混合一次）的全空气系统。

六、绘图题（答案略）

第八章 电气工程常用材料

第一节 常用导电材料及其应用

一、填空题

1. 绝缘导线、裸导线　　2. 电气装置、元件
3. 室内外　　4. 缆芯、绝缘层、保护层
5. 硬母线、软母线

二、判断题（正确的打"√"，错误的打"×"）

1. ×　2. √　3. √　4. ×　5. ×　6. √　7. ×　8. √
9. ×　10. √　11. ×　12. √　13. √　14. √　15. ×　16. √

三、单项选择题（将正确答案的序号填入括号内）

1. B　2. C　3. D　4. C

四、多项选择题（将正确答案的序号填入括号内）

1. A、B、C、D　2. A、B、C　3. A、C、D　4. B、C、D

五、解释下列导线型号的含义

1. 镀锌软铜绞线。

2. 导线截面为 $10mm^2$ 的铜芯橡皮软线。

3. 导线截面为 2.5mm² 的铝芯塑料护套线。

4. 表示 4 根截面为 70mm² 和 1 根截面为 25mm² 的铝芯聚氯乙烯绝缘钢带铠装聚氯乙烯护套电力电缆。

5. 表示预制分支电缆,其主干电缆为 4 芯 185mm² 和 1 芯 95mm² 的铜芯阻燃聚氯乙烯绝缘聚氯乙烯护套电力电缆,分支电缆为 4 芯 35mm² 和 1 芯 16mm² 的铜芯阻燃聚氯乙烯绝缘聚氯乙烯护套电力电缆。

6. 表示导线截面为 16mm² 的铜芯辐照交联低烟无卤阻燃聚氯乙烯绝缘固定敷设导线。

7. 实芯聚乙烯绝缘射频同轴电缆,特性阻抗为 75Ω。

六、简答题

1. 答:无绝缘层的导线称为裸导线。裸导线主要由铝、铜、钢等制成。裸导线分为裸单线(单股线)和裸绞线(多股绞合线)两种。裸绞线按材料分为铝绞线、钢芯铝绞线、铜绞线;按线芯的性能可分为硬裸导线和软裸导线。硬裸导线主要用于高、低压架空电力线路输送电能,软裸导线主要用于电气装置的接线、元件的接线及接地线等。

2. 答:具有绝缘包层(单层或数层)的电线称为绝缘导线。绝缘导线按线芯材料分为铜芯和铝芯;按线芯股数分为单股和多股;按结构分为单芯、双芯、多芯等;按绝缘材料分为橡皮绝缘导线和塑料绝缘导线等。

3. 答:电缆是一种多芯导线,即在一个绝缘软套内裹有多根相互绝缘的线芯。电缆的基本结构是由缆芯、绝缘层、保护层三部分组成。电缆按导线材质可分为:铜芯电缆、铝芯电缆;按用途可分为:电力电缆、控制电缆、通信电缆、其他电缆;按绝缘可分为橡皮绝缘、油浸纸绝缘、塑料绝缘;按芯数可分为单芯、双芯、三芯、四芯及多芯。

4. 答:母线(又称汇流排)是用来汇集和分配电流的导体,有硬母线和软母线之分。软母线用在 35kV 及以上的高压配电装置中,硬母线用在工厂高、低压配电装置中。硬母线按材料分为硬铜母线(TMY)和硬铝母线(LMY),其截面形状有矩形、管形、槽形等。

七、问答题

1. 答:预制分支电缆是电力电缆的新品种。预制分支电缆不用在现场加工制作电缆分支接头和电缆绝缘穿刺线夹分支,而是由电缆生产厂家根据设计要求在制造电缆时直接从主干电缆上加工制作出分支电缆。其特点是供电可靠,施工方便。预制分支电缆的型号是由 YFD 加其他电缆型号组成。

2. 答:低烟无卤系列电线、电缆是一种新型导电材料,在常温下可连续工作 30 年,在 135℃温度下可持续工作 6~8 年。低烟无卤系列电线、电缆比一般电线、电缆的性能有明显的提高。

常用型号有:WL-BYJ(F)铜芯辐照交联低烟无卤阻燃聚乙烯绝缘布电线,WL-RYJ(F)多股软铜芯辐照交联低烟无卤阻燃聚乙烯绝缘电线,NH-BYJ(F)辐照交联低烟无卤耐火布电线,WL-YJ(F)V 辐照交联低烟无卤聚乙烯绝缘护套电力电缆,WL-KYJ(F)V 辐照交联低烟无卤聚乙烯绝缘护套控制电缆,NH-YJV(F)辐照交联低烟无卤耐火电缆。

第二节　常用绝缘材料及其应用

一、填空题
1. 无机绝缘材料、有机绝缘材料、混合绝缘材料　　2. 1kV
3. 鼓形绝缘子、瓷夹板　　4. 绝缘、支持
5. 浸渍、覆盖
6. 热固性、聚乙烯、聚氯乙烯
7. 天然、人工合成、硬质、软质

二、判断题（正确的打"√"，错误的打"×"）
1. ×　2. √　3. ×　4. √　5. ×

三、多项选择题（将正确答案的序号填入括号内）
1. A、C、D　　2. A、B、C　　3. A、C、D
4. B、C、D　　5. A、B、D　　6. A、C、D

四、简答题
1. 答：绝缘材料又称电介质，是一种不导电的物质。绝缘材料的主要作用是把带电部分与不带电部分及电位不同的导体相互隔开。

2. 答：热塑性塑料常用的有聚乙烯和聚氯乙烯塑料等。聚乙烯塑料主要用作高频电缆、水下电缆等的绝缘材料。热塑性塑料吹塑后可制成薄膜，挤压后可制成绝缘板、绝缘管等成型制品。聚氯乙烯的硬质制品可制成板、管材等；软质制品主要用于制作低压电力电缆、导线的绝缘层和防护套等。

3. 答：低压蝶式绝缘子用于固定1kV及以下线路的终端、耐张、转角等。规格为ED-1、ED-2、ED-3（E表示蝶式绝缘子；D表示低压；数字1、2、3表示产品尺寸大小）。

4. 答：绝缘布（带）主要用途是在电器制作和安装过程中作槽、匝、相间连接和引出线的绝缘包扎。

5. 答：压制品是由天然或合成纤维、纸或布浸（涂）胶后，经热压卷制而成，常制成板、管、棒等形状，用于制作绝缘零部件和用作带电体之间或带电体与非带电体之间的绝缘层，其特点是介电性能好，机械强度高。

五、问答题
答：常用的电工胶有电缆胶和环氧树脂胶。电缆胶由石油沥青、变压器油、松香脂等原料按一定比例配制而成，可用来灌注电缆接头和漆管、电器开关及绝缘零部件。环氧树脂胶一般需现场配制，按照不同的配方可制得分子量大小不同的产物，其中：分子量低的是黏度小的半液体物，用于电器开关、零部件作浇注绝缘；中等分子量的是稠状物，用于配制高机械强度的胶粘剂；高分子量的是固体物，用于配制各种漆等。配制环氧树脂灌注胶和胶粘剂时，应加入硬化剂，如乙二胺等，使其变成不溶的结实整体。

第三节　常用安装材料

一、填空题
1. 金属材料、非金属材料　　2. 金属、绝缘

3. 蛇皮管、双面镀锌薄钢带　　　　4. 软塑料管、塑料波纹管

5. 翼缘、腹板

二、判断题（正确的打"√"，错误的打"×"）

1. √　2. ×　3. √　4. ×　5. √

三、单项选择题（将正确答案的序号填入括号内）

1. A　　　2. D

四、多项选择题（将正确答案的序号填入括号内）

1. A、B、C　　　2. A、B、C、D

五、简答题

1. 答：《建筑电气工程施工质量验收规范》（GB 50303—2002）中对导管的定义如下：在电气安装中用来保护电线或电缆的圆型或非圆型的一部分，导管有足够的密封性，使电线电缆只能从纵向引入，而不能从横向引入。由金属材料制成的导管称为金属导管。没有任何导电部分（不管是内部金属衬套或外部金属网、金属涂层等均不存在），由绝缘材料制成的导管称为绝缘导管。

2. 答：PVC硬质塑料管适用于民用建筑或室内有酸、碱腐蚀性介质的场所。在经常发生机械冲击、碰撞、磨擦等易受机械损伤和环境温度在40℃以上的场所不应使用。

3. 答：半硬塑料管多用于一般居住和办公建筑等干燥场所的电气照明工程中，暗敷设配线。半硬塑料管可分为难燃平滑塑料管和难燃聚氯乙烯波纹管。

4. 答：角钢是钢结构中最基本的钢材，可作单独构件或组合使用，广泛用于桥梁、建筑、输电塔构件、横担、撑铁、接户线中的各种支架及电器安装底座、接地体等。

六、问答题

1. 答：电工常用成型钢材的有①扁钢。可用来制作各种抱箍、撑铁、拉铁和配电设备的零配件、接地母线及接地引线等。②角钢。是钢结构中最基本的钢材，可作单独构件或组合使用，广泛用于桥梁、建筑、输电塔构件、横担、撑铁、接户线中的各种支架及电器安装底座、接地体等。③工字钢。广泛用于各种电气设备的固定底座、变压器台架等。④圆钢。主要用来制作各种金具、螺栓、接地引线及钢索等。⑤槽钢。一般用来制作固定底座、支撑、导轨等。⑥钢板。制作各种电器及设备的零部件、平台、垫板、防护壳等。⑦铝板。常用来制作设备零部件、防护板、防护罩及垫板等。

2. 答：被连接件与地面、墙面、顶板面之间的固定常采用以下三种方法。①塑料胀管：塑料胀管加木螺钉用于固定较轻的构件，常用的有$\Phi 6$、$\Phi 8$、$\Phi 10$的塑料胀管。该方法多用于砖墙或混凝土结构，不需用水泥预埋，具体方法是用冲击钻钻孔，孔的大小及深度应与塑料胀管的规格匹配，在孔中填入塑料胀管，然后靠木螺钉的拧进，使胀管胀开，从而拧紧后使元件固定在操作面上。②膨胀螺栓：膨胀螺栓用于固定较重的构件，常用的有M8、M10、M12、M16等。该方法与塑料胀管固定方法基本相同。钻孔后将膨胀螺栓填入孔中，通过拧紧膨胀螺栓的螺母使膨胀螺栓胀开，从而拧紧螺母后使元件固定在操作面上。③预埋螺栓：预埋螺栓用于固定较重的构件。预埋螺栓一头为螺扣，一头为圆环或燕尾，分别可以预埋在地面内、墙面及顶板内，通过螺扣一端拧紧螺母使元件固定。

第九章 变配电设备安装

第一节 建筑供配电系统的组成

一、填空题

1. 变电、送配电
2. 变换电压、控制
3. 电能分配
4. 10kV、架空、电缆
5. 装置、线路
6. TN-C 系统、TN-S 系统和 TN-C-S 系统

二、判断题（正确的打"√"，错误的打"×"）

1. × 2. √ 3. ×

三、单项选择题（将正确答案的序号填入括号内）

1. B 2. C 3. D 4. C

四、多项选择题（将正确答案的序号填入括号内）

1. A、C、D 2. A、B、C 3. B、C、D

五、绘图题

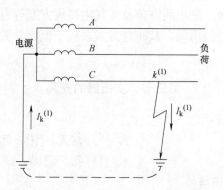

六、问答题

1. 答：低压配电系统的配电方式有放射式、树干式及混合式等。①放射式配电方式的优点是各个负荷独立受电，供电可靠。缺点是设备和材料消耗量大。放射式配电一般多用于对供电可靠性要求高的负荷或大容量设备。②树干式配电方式的优点是节省设备和材料。缺点是供电可靠性较低，干线发生故障时，对系统影响范围大。树干式配电在机加工车间中使用较多，可采用封闭式母线，灵活方便且比较安全。③放射式和树干式相结合的配电方式即为混合式配电，该方式综合了放射式和树干式的优点，故得到了广泛的应用。

2. 答：TN 系统分为 TN-C 系统、TN-S 系统和 TN-C-S 系统。TN-S 系统的中性线与保护线是分开的；TN-C-S 系统中有一部分中性线与保护线是合一的；TN-C 系统中，整个系统的中性线与保护线是合一的。在 TN-C、TN-S 和 TN-C-S 系统中，为确保 PE 线或 PEN 线安全可靠，除电源中性点直接接地外，对 PE 线和 PEN 线还必须设置重复接地。

第二节　室内变电所的布置

一、填空题

1. 单列、双列
2. 4、4.5
3. 100
4. 宽面、窄面、窄面、宽面
5. 3.5～4

二、判断题（正确的打"√"，错误的打"×"）

1. ×　2. √　3. ×

三、单项选择题（将正确答案的序号填入括号内）

1. B　2. C

四、多项选择题（将正确答案的序号填入括号内）

1. A、B、C、D　2. A、B、C

五、问答题

答：6～10kV室内变电所主要由三部分组成：高压配电室、变压器室、低压配电室。①高压配电室是安装高压配电设备的房间，其布置方式取决于高压开关柜的数量和形式，运行维护时的安全和方便。②变压器室是安装变压器的房间。变压器室的结构形式与变压器的形式、容量、安放方向、进出线方位及电气主接线方案等有关。③低压配电室是安装低压开关柜（低压配电屏）的房间，其布置方式取决于低压开关柜的数量和形式以及运行维护时的安全和方便。

第三节　变压器的安装

一、填空题

1. 变换电压等级
2. 户外露天、室内变压器
3. 母线、套管
4. 打好孔后搪锡，铜、铝过渡接触面
5. 变压器吊装、高低压接线

二、判断题（正确的打"√"，错误的打"×"）

1. ×　2. √　3. ×

三、单项选择题（将正确答案的序号填入括号内）

1. B　2. C　3. B

四、简答题

1. 答：杆上安装是将变压器固定在电杆上，以电杆作骨架，离地面架设。杆上安装应位置正确，附件齐全，油浸变压器油位正常，无渗油现象。

2. 答：油浸电力变压器安装程序为：开箱、检查、本体就位、套管、油枕及散热器清洗，油柱实验，风扇油泵电机解体检查接线，附件安装，垫铁止轮器制作、安装，补充注油及安装后整体密封试验，接地，补漆，配合电气试验。

3. 答：干式变压器安装程序为：开箱、检查、本体就位、垫铁及止轮器制作、安装，附件安装，接地，补漆，配合电气试验。

4. 答：新装电力变压器试验的目的是验证变压器性能是否符合有关标准和技术文件的规定，制造上是否存在影响运行的各种缺陷，在交换运输过程中是否遭受损伤或性能发生变化。

5. 答：变压器试验项目主要有线圈直流电阻的测量、变压比测量、线圈绝缘电阻和吸收比的测量、接线组别试验、交流耐压试验、变压器油的耐压试验等。

五、问答题

答：①变压器试运行，是指变压器开始通电，并带一定负荷即可能的最大负荷运行24h所经历的过程。试运行是对变压器质量的直接考验。新装电力变压器如在试运行中不发生异常情况，方可正式投入生产运行。②变压器第一次投入通常采用全电压冲击合闸，冲击合闸时一般可由高压侧投入。接于中性点接地系统的变压器，在进行冲击合闸时，其中性点必须接地。变压器第一次受电后，持续时间应不少于10min，如变压器无异常情况，即可继续进行。一般变压器应进行5次全电压冲击合闸，应无异常情况，励磁涌流不应引起保护装置误动。冲击合闸正常后带负荷运行24h，无任何异常情况，则可认为试运行合格。

第四节　高压电器的安装

一、填空题

1. 隔离高压电源　　2. 开关本体、操作机构
3. 高压熔断器　　　4. 短路
5. 绝缘、支持　　　6. 裂纹、锈蚀
7. 交流耐压　　　　8. 顶盖、金属支架、灰色
9. 过墙隔板　　　　10. 一次、二次、继电保护
11. 测量仪表、保护电器

二、判断题（正确的打"√"，错误的打"×"）

1. √　2. ×　3. ×　4. √　5. ×　6. ×　7. √

三、单项选择题（将正确答案的序号填入括号内）

1. C　　2. B　　3. C　　4. B

四、多项选择题（将正确答案的序号填入括号内）

1. C、D　　2. A、B、C　　3. B、C、D

五、简答题

1. 答：高压断路器是电力系统中最重要的控制保护设备。正常时用以接通和切断负载电流。在发生短路故障或严重过负载时，在保护装置作用下自动跳闸切除短路故障，保证电网的无故障部分正常运行。

2. 答：安装程序可以用图表示：

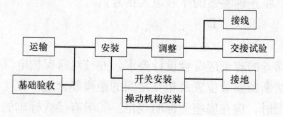

3. 答：安装程序可以用图表示：

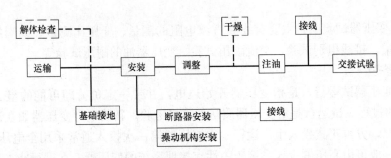

4. 答：如果要求安装的绝缘子是在同一直线上，一般应先安装首尾两个，然后拉一直线，依此直线安装其他绝缘子，以保证各个绝缘子都在同一中心线上。

5. 答：开关柜的安装施工程序为：设备开箱检查→二次搬运→基础型钢制作安装→柜（盘）母线配制→柜（盘）二次回路接线→试验调整→送电运行验收。

六、问答题

1. 答：穿墙套管的安装方法通常有两种：方法一是在土建施工时，把套管螺栓直接预埋在墙上，并预留三个套管圆孔，将套管直接固定在墙上。方法二是土建施工时在墙上留一长方孔，将角铁框装在长方孔上，用以固定钢板，套管固定在钢板上。

2. 答：①电流互感器一般安装在成套配电柜、金属构架上，也可安装在母线穿过墙壁或楼板处。电流互感器可直接用基础螺栓固定在墙壁或楼板上，或者用角钢做成矩形框架埋入墙壁或楼板中，将与框架同样大小的铁板用螺栓固定在框架上，再将电流互感器固定在钢板上。②电压互感器一般安装在成套配电柜内或直接安装在混凝土台上。混凝土台应干固并达到一定强度后才能安装电压互感器。安装前应对电压互感器本身做仔细检查，合格方能安装。

第五节 低压电器的安装

一、填空题

1. 单投、双投、三极 2. 过电流、过负荷、远处控制分闸
3. 短路电流 4. 螺旋、管
5. 500、1500

二、判断题（正确的打"√"，错误的打"×"）

1. × 2. √ 3. ×

三、单项选择题（将正确答案的序号填入括号内）

1. B 2. A 3. C

四、多项选择题（将正确答案的序号填入括号内）

1. B、C 2. B、C、D

五、简答题

答：①熔断器及熔丝的容量应符合设计要求，并核对所保护电气设备的容量，使其与熔体容量相匹配。②熔断器安装位置及相互之间的距离要合适，应便于更换熔体。③安装具有几种规格的熔断器时，应在底座旁标明规格。④带有接线标志的熔断器，电源线应按标志进行接线。

第六节　变配电系统调试

一、填空题

1. 500～1000、2500
2. 60、15
3. 直流校验法
4. 变压比电桥、双电压表
5. 绝缘电阻、检查电度表接线

二、判断题（正确的打"√"，错误的打"×"）

1. ×　　2. ×　　3. √　　4. √

三、单项选择题（将正确答案的序号填入括号内）

1. B　　2. D

四、多项选择题（将正确答案的序号填入括号内）

1. B、C　　2. A、B、D

五、简答题

1. 答：电力变压器系统调试的工作内容包括：变压器、断路器、互感器、隔离开关、风冷及油循环冷却系统电气装置、常规保护装置等一、二次回路的调试及空投试验。

2. 答：测量三相电力变压器绕组的直流电阻，其目的是检查分接开关、引线和高低压套管等载流部分是否接触良好，绕组导线规格和导线接头的焊接质量是否符合设计要求，三相绕组匝数是否相等。

3. 答：在施工现场常采用直流校验法来判断变压器的连接组别。校验时只需将测试的一组结果与变压器连接组别规律表对照，结合被测变压器铭牌给出的绕组接法，即可判断其连接组别。

4. 答：工频交流耐压试验主要检查电力变压器主绝缘性能及其耐压能力，进一步检查变压器是否受到损伤或绝缘存在缺陷。

5. 送配电装置系统调试的工作内容包括：自动开关或断路器、隔离开关、常规保护装置、电测量仪表、电力电缆等一、二次回路系统的调试。

六、问答题

1. 答：①电压互感器的交接试验，包括：电压互感器的绝缘电阻测试；电压互感器的变压比测定；电压互感器工频交流耐压试验。②电流互感器的交接试验，包括：电流互感器的绝缘电阻测试；电流互感器变流比误差的测定；电流互感器的伏安特性曲线测试。

2. 答：①少油高压断路器的调试，包括：断路器安装垂直度检查；总触杆总行程和接触行程检查调整；三相触头同期性的调整；少油高压断路器的交接试验。②高压断路器操作机构的调试，包括：支持杆的调整；分、合闸铁芯的调整；短路器及操作机构的电气检查试验。

第十章　配线工程

第一节　槽板配线

一、填空题

1. 木槽板、塑料槽板、双线槽、三线槽

2. 钢锯、小木锯

3. 对接、拐角接

4. 选择槽板、槽板加工

5. 灯具、开关、插座

二、判断题（正确的打"√"，错误的打"×"）

1. √ 2. × 3. √ 4. √ 5. × 6. √

三、单项选择题（将正确答案的序号填入括号内）

1. B 2. C 3. C

四、简答题

1. 答：根据《建筑电气工程施工质量验收规范》GB 50303—2002，对槽板配线有以下要求：

（1）槽板内电线无接头，电线连接设在器具处；槽板与各种器具连接时，电线应留有余量，器具底座应压住槽板端部。

（2）槽板敷设应紧贴建筑物表面，且横平竖直、固定可靠，严禁用木楔固定；木槽板应经阻燃处理，塑料槽板表面应具有阻燃标识。

（3）槽板穿过梁、墙和楼板处应有保护套管，跨越建筑物变形缝处槽板应设补偿装置，且与槽板结合严密。

2. 答：底板固定后即可敷设导线。为了使导线在接头时便于辨认，接线正确，一条槽板内应敷设同一回路的导线。槽板内导线不得有接头和受挤压。如果需接头时必须装设接线盒，把接头放在接线盒内，接线盒扣在槽板上。当导线敷设到灯具、开关、插座或接头处要留出线头，一般以100mm为宜，以便于连接。在配电箱及集中控制的开关板等处，导线余量为配电箱或开关板的半周长。

第二节 线槽配线

一、填空题

1. 金属软管、电缆

2. 混凝土地面、现浇钢筋混凝土楼板

3. 分线盒、终端连接器

二、判断题（正确的打"√"，错误的打"×"）

1. √ 2. × 3. √ 4. × 5. × 6. √ 7. ×

三、单项选择题（将正确答案的序号填入括号内）

1. B 2. D 3. C

四、简答题

1. 答：导线或电缆在金属线槽中敷设时应注意：

（1）同一路径无防干扰要求的线路，可敷设在同一金属线槽内。

（2）线槽内导线或电缆的总截面不应超过线槽内截面积的20%，载流导线不宜超过30根。当设计无规定时，包括绝缘层在内的导线总截面积不应大于线槽截面积的60%。控制、信号或与其相类似的线路，导线或电缆截面积总和不应超过线槽内截面积的50%，导线和电缆的根数不做限定。

2. 答：塑料线槽配线的规定如下：

（1）塑料线槽必须经阻燃处理，外壁应有间距不大于 1m 的连续阻燃标记和制造厂标。

（2）强、弱电线路不应同敷于一根线槽内。线槽内电线或电缆总截面不应超过线槽内截面的 20%，载流导线不宜超过 30 根。当设计无此规定时，包括绝缘层在内的导线总截面不应大于线槽截面积的 60%。

（3）导线或电缆在线槽内不得有接头。分支接头应在接线盒内连接。

（4）线槽敷设应平直整齐。塑料线槽配线，在线路的连接、转角、分支及终端处应采用相应附件。

第三节　塑料护套线配线

一、填空题

1. 比较潮湿、有腐蚀
2. 楼板、墙壁
3. 分支接头、中间接头
4. 钢管、塑料管
5. 绝缘保护管、金属保护管

二、判断题（正确的打"√"，错误的打"×"）

1. √　2. ×　3. √　4. ×

三、简答题

答：塑料护套线安装施工程序：

塑料护套线一般是在木结构；砖、混凝土结构；沿钢索上敷设，以及在砖、混凝土结构上粘结。塑料护套线在砖、混凝土结构上敷设的施工程序是：测位、划线、打眼、埋螺钉、下过墙管、上卡子、装盒子、配线、焊接线头。其他的基本类似。

第四节　导管配线

一、填空题

1. 腐蚀性气体、机械损伤
2. 墙壁、桁架、墙壁、地坪
3. 材质、规格、水煤气管、薄壁管、塑料管
4. 敷设方式、钢管种类
5. 90°、弯管器、弯管机
6. 圆钢、扁钢
7. 金属软管、塑料软管

二、判断题（正确的打"√"，错误的打"×"）

1. ×　2. ×　3. √　4. √　5. ×　6. ×　7. ×

三、单项选择题（将正确答案的序号填入括号内）

1. C　2. C　3. A　4. D　5. B　6. D　7. C

四、简答题

1. 答：导管敷设一般从配电箱开始，逐段配至用电设备处，或者可从用电设备端开始，逐段配至配电箱处。钢管暗设施工程序如下：

熟悉图纸→选管→切断→套丝→揻弯→按使用场所刷防腐漆→进行部分管与盒的连接→配合土建施工逐层逐段预埋管→管与管和管与盒（箱）连接→接地跨接线焊接。

2. 答：管内穿线要求：

（1）不同回路、不同电压等级和交流与直流的电线，不应穿于同一导管内；同一交流回路的电线应穿于同一金属导管内，且管内电线不得有接头。

（2）爆炸危险环境照明线路的电线和电缆额定电压不得低于750V，且电线必须穿于钢导管内。

（3）电线、电缆穿管前，应清除管内杂物和积水。管口应有保护措施。不进入接线盒（箱）的垂直管口穿入电线、电缆后，管口应密封。

第五节 电缆配线

一、填空题

1. 电压系列、型号、规格

2. 型号、规格

3. 根数、散热

4. 1m、留有备用余量

5. 钢电缆桥架、铝合金电缆桥架

6. 梯架、组合托盘

7. 首端、中间段、尾端

8. 密封、线路畅通

二、判断题（正确的打"√"，错误的打"×"）

1. √ 2. × 3. × 4. × 5. √ 6. × 7. √

三、单项选择题（将正确答案的序号填入括号内）

1. B 2. C 3. B 4. A 5. C 6. B

四、简答题

1. 答：电缆的敷设方式有直接埋地敷设、电缆隧道敷设、电缆沟敷设、电缆桥架敷设、电缆排管敷设、穿钢管、混凝土管、石棉水泥管等管道敷设，以及用支架、托架、悬挂方法敷设等。

2. 答：电缆直埋敷设的施工程序如下：

电缆检查→挖电缆沟→电缆敷设→铺砂盖砖→盖盖板→埋标桩。

3. 答：电缆敷设在电缆沟或隧道的支架上时，电缆应按下列顺序排列：高压电力电缆应放在低压电力电缆的上层；电力电缆应放在控制电缆的上层；强电控制电缆应放在弱电控制电缆的上层。若电缆沟或隧道两侧均有支架时，1kV以下的电力电缆和控制电缆应与1kV以上的电力电缆分别敷设在不同侧的支架上。

4. 答：电力电缆的试验项目如下：

（1）测量绝缘电阻。

(2) 直流耐压试验并测量泄漏电流。

(3) 检查电缆线路的相位，要求两端相位一致，并与电网相位相吻合。

第六节 母线安装

一、填空题

1. 母线、电气设备

2. 镀锌角钢、扁钢

3. 螺栓固定、卡板固定、夹板固定

4. 母线补偿器、母线拉紧装置

5. 垂直、水平

6. 分段图、相序、编号

7. 角钢、槽钢

二、判断题（正确的打"√"，错误的打"×"）

1. × 2. √ 3. × 4. √ 5. ×

三、单项选择题（将正确答案的序号填入括号内）

1. B 2. C 3. D 4. C 5. B 6. B

四、简答题

1. 答：母线安装时应符合下列要求：

(1) 水平安装的母线可在金具内自由伸缩，以便当母线温度变化时使母线有伸缩余地，不致拉坏绝缘子。

(2) 母线垂直安装时要用金具夹紧。

(3) 当母线较长时应装设母线补偿器，以适应母线温度变化的伸缩需要。

(4) 母线连接螺栓的松紧程度应适宜。

2. 答：母线的相序排列及涂色，当设计无要求时应符合下列规定：

(1) 上、下布置的交流母线，由上至下排列为 A、B、C 相；直流母线正极在上，负极在下。

(2) 水平布置的交流母线，由盘后向盘前排列为 A、B、C 相；直流母线正极在后，负极在前。

(3) 面对引下线的交流母线，由左至右排列为 A、B、C 相；直流母线正极在左，负极在右。

(4) 母线的涂色：交流，A 相为黄色、B 相为绿色、C 相为红色；直流，正极赭色、负极为蓝色；在连接处或支持件边缘两侧 10mm 以内不涂色。

第七节 架空配电线路

一、填空题

1. 传输电流、输送电能

2. 绝缘性能、足够的机械强度

3. 联结金具、横担固定金具

4. 转角杆、终端杆

5. 木横担、铁横担、瓷横担

6. 角钢横担、16mm²

7. 墙壁的角钢支架、高压穿墙套管

8. 保护套管、防水弯头、高压穿墙套管

二、名词解释

1. 接户线装置是指从架空线路电杆上引接到建筑物电源进户点前第一支持点的引接装置，它主要由接户电杆、架空接户线等组成。

2. 进户线装置是户外架空电力线路与户内线路的衔接装置，进户线是指从室外支架引至建筑物内第一支持点之间的连接导线。

三、简答题

1. 答：架空线路的组成部分及作用如下：

（1）导线的作用是传导电流，输送电能。

（2）绝缘子的作用是用来固定导线并使带电导线之间及导线与接地的电杆之间保持良好的绝缘，同时承受导线的垂直荷重和水平荷重。

（3）避雷线的作用是把雷电流引入大地，以保护线路绝缘，免遭大气过电压（雷击）的侵袭。

（4）金具的作用是用来固定横担、绝缘子、拉线、导线等的各种金属联结件。

（5）电杆用来支持导线和避雷线，并使导线与导线间、导线与电杆间、导线与避雷线间以及导线与大地、公路、铁路、河流、弱电线路等被跨物之间，保持一定的安全距离。

（6）横担的作用是安装绝缘子、开关设备、避雷器等。

2. 答：架空配电线路施工的主要内容包括：线路路径选择、测量定位、基础施工、杆顶组装、电杆组立、拉线组装、导线架设及弛度观测、杆上设备安装以及架空接户线安装等。

第十一章 电气照明工程

第一节 电气照明基本线路

一、填空题

1. 一般照明、局部照明、混合照明 2. 备用照明

3. 安全照明 4. 60、最高

5. 热辐射光源、气体放电光源、气体放电光源

6. 高压汞气体放电、外镇流、自镇流

7. 镇流器、启动器

二、判断题（正确的打"√"，错误的打"×"）

1. × 2. × 3. √ 4. × 5. × 6. √ 7. √

三、单项选择题（将正确答案的序号填入括号内）

1. C 2. D

四、多项选择题（将正确答案的序号填入括号内）

1. B、C 2. C、D 3. A、D 4. B、C 5. A、B、C、D

五、画图题

答:荧光灯控制线路的接线图和平面图如下,图(a)表示接线图,图(b)表示平面图,图中的1、2、3分别表示灯管、启动器、镇流器。

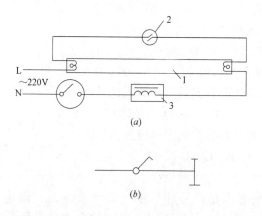

六、识图题

答:在正常照明时,楼梯灯通过接触器的常闭触头供电,由于接触器常开触头不接通而使应急电源处于备用供电状态。当正常照明停电后,接触器得电动作,其常闭触点断开,常开触点闭合,应急照明电源接入楼梯灯线路,使楼梯灯直接点亮,作为火灾时的疏散照明。

七、简答题

答:灯具主要由灯座和灯罩等部件组成。灯具的作用是固定和保护电源、控制光线、将光源光通量重新分配,以达到合理利用和避免眩光的目的。按其结构特点可分为开启型、闭合型(保护式)、密闭型、防爆式等。

八、问答题

1. 答:照明种类按其功能划分为:①正常照明,用于保证工作场所正常工作的室内外照明。②应急照明,在正常照明因故障停止工作时提供照明。应急照明又分为备用照明和安全照明。③值班照明,在非工作时间供值班人员观察用的照明。④警卫照明,用于警卫区内重点目标的照明。⑤障碍照明,为保证飞行物夜航安全,在高层建筑或烟囱上设置障碍标志的照明。⑥装饰照明,为美化和装饰某一特定空间而设置的照明。⑦艺术照明,通过运用不同的灯具、不同的投光角度和不同的光色,制造出一种特定空间气氛的照明。

2. 答:根据工作场所对照度的不同要求,照明方式可分为三种方式:①一般照明,即只考虑整个工作场所对照明的基本要求,而不考虑局部场所对照明的特殊要求的照明。采用一般照明方式时,要求整个工作场所的灯具采用均匀布置的方案,以保证必要的照明均匀度。②局部照明,指在整个工作场所内,某些局部工作部位对照度有特殊要求时,为其所设置的照明。例如,在工作台上设置工作台灯,在商场橱窗内设置的投光照明等。③混合照明,即在整个工作场所内同时设置一般照明和局部照明。

第二节 电气照明装置安装

一、填空题

1. 木台、灯座

2. 划线、埋螺栓、上木台、接焊包头

3. 5
4. 专设的框架、灯具外壳
5. 2.5
6. 36、专用保护
7. 0.15～0.2、1.3、2～3
8. 暗、横、开灯、关灯
9. 0.3、0.15、一致
10. 200、1.8、3

二、判断题（正确的打"√"，错误的打"×"）
1. √ 2. × 3. × 4. √ 5. × 6. √
7. × 8. × 9. × 10. √ 11. √ 12. ×

三、单项选择题（将正确答案的序号填入括号内）
1. A 2. C 3. B 4. A 5. C 6. D

四、多项选择题（将正确答案的序号填入括号内）
1. A、B、C 2. B、C、D 3. A、C、D

五、简答题

1. 答：吊灯的安装要求是：①灯具重量大于3kg时，固定在螺栓或预埋吊钩上。②软线吊灯，灯具重量在0.5kg及以下时，采用软电线自身吊装；大于0.5kg的灯具采用吊链，且软电线编叉在吊链内，使电线不受力。③灯具固定牢固可靠，不使用木楔。每个灯具固定用螺钉或螺栓不少于2个；当绝缘台直径在75mm及以下时，采用1个螺钉或螺栓固定。④花灯吊钩圆钢直径不应小于灯具挂销直径，且不应小于6mm。大型花灯的固定及悬吊装置，应按灯具重量的2倍做过载试验。

2. 一般按钮的安装程序是：测位、划线、打眼、预埋螺栓、清扫盒子、上木台、缠钢丝弹簧垫、装按钮、接线、装盖。

3. 插座的安装程序是：测位、划线、打眼、预埋螺栓、清扫盒子、上木台、缠钢丝弹簧垫、装插座、接线、装盖。

4. 插座的接线应符合下列要求：①单相两孔插座，面对插座的右孔或上孔与相线连接，左孔或下孔与零线连接；单相三孔插座，面对插座的右孔与相线连接，左孔与零线连接。②单相三孔、三相四孔及三相五孔插座的接地线或接零线均应接在上孔。插座的接地端子不应与零线端子直接连接。③接地（PE）或接零（PEN）线在插座间不串联连接。

5. 安全变压器的安装程序是：开箱、清扫、检查、测位、打眼、支架安装、固定变压器、接线、接地。

六、问答题

1. 答：插座的安装应符合下列规定：①当不采用安全型插座时，托儿所、幼儿园及小学等儿童活动场所安装高度不小于1.8m。②车间及试（实）验室的插座安装高度距地面不小于0.3m；特殊场所安装的插座不小于0.15m；同一室内插座安装高度一致。③插座面板与地面齐平或紧贴地面，盖板固定牢固，密封良好。④当交流、直流或不同电压等级的插座安装在同一场所时，应有明显的区别，且必须选择不同结构、不同规格和不能互换的插座；其配套的插头，应按交流、直流或不同电压等级区别使用。

2. 答：吊扇、壁扇安装有以下规定：①吊扇挂钩安装牢固，吊扇挂钩的直径不小于吊扇挂销直径，且不小于8mm；有防振橡胶垫；挂销的防松零件齐全、可靠。②吊扇扇叶距地高度不小于2.5m。③吊扇组装不改变扇叶角度，扇叶固定螺栓防松零件齐全。④吊杆间、吊杆与电机间螺纹连接，啮合长度不小于20mm，且防松零件齐全紧固。⑤吊扇接线正确,当运转时扇叶无明显颤动和异常声响。⑥壁扇安装时,其下侧边缘距地面高度不小于1.8m。

第三节 配电箱的安装

一、填空题

1. 成套、非成套　　　　　　　2. XRM、PXT
3. 1.5‰、1.5m、1.8m　　　　4. 30mA、0.1s

二、简答题

答:成套配电箱的安装程序是:成套铁制配电箱箱体现场预埋→管与箱体连接→安装盘面→装盖板(贴脸及箱门)。

三、问答题

答:《建筑电气工程施工质量验收规范》(GB 50303—2002)对照明配电箱(盘)的安装有明确要求:①位置正确,部件齐全,箱体开孔与导管管径适配,暗装配电箱箱盖紧贴墙面,箱(盘)涂层完整。②箱(盘)内接线整齐,回路编号齐全,标识正确。③箱(盘)不采用可燃材料制作。④箱(盘)安装牢固,垂直度允许偏差为1.5‰;底边距地面为1.5m,照明配电板底边距地面不小于1.8m。⑤箱(盘)内配线整齐,无绞接现象。导线连接紧密,不伤芯线,不断股。垫圈下螺栓两侧压的导线截面积相同,同一端子上导线连接不多于2根,防松垫圈等零件齐全。⑥箱(盘)内开关动作灵活可靠,带有漏电保护的回路,漏电保护装置动作电流不大于30mA,动作时间不大于0.1s。⑦照明箱(盘)内,分别设置零线(N)和保护地线(PE线)汇流排,零线和保护地线经汇流排配出。

第四节 配电与照明节能工程施工技术要求

一、填空题

1. 每芯导体电阻　　　　　　　2. ±7%、+7%、-10%
3. 90%　　　　　　　　　　　　4. 力矩扳手
5. 2%、4%

二、判断题(正确的打"√",错误的打"×")

1. √　　2. √　　3. √　　4. ×

三、简答题

答:①输配电设计通过合理选择电动机、电力变压器容量以及对气体放电灯的启动器,降低线路阻抗(感抗)等措施,提高线路的自然功率因素。②民用建筑输配电的功率因数由低压电容器补偿,宜由变配电所集中补偿。③对于大容量负载、稳定、长期运行的用电设备宜单独就地补偿。④集中装设的静电电容器应随负荷和电压变化及时投入或切除,防止无功负荷倒送。电容器组采用分组循环自动切换运行方式。

四、问答题

1. 答:①输配电系统的功率因数、谐波的治理是节约电能提高输配电质量的有效途径。②输配电系统应选择节约电能设备,减少设备本身的电能损耗,提高系统整体节约电能的效果。③输配电系统电压等级的确定:选择市电较高的输配电电压深入负荷中心。设备容量在100kW及以下或变压器容量在50kV·A及以下者,可采用380/220V配电系统。如果条件允许或特殊情况可采用 10kV 配电，对于大容量用电设备（如制冷机组）宜采用 10kV 配电。

2. 答：①在满足照明质量的前提下应选择适合的高效照明光源。②在满足眩光限值的条件下，应选用高效灯具及开启式直接照明灯具。室内灯具效率不低于 70%，反射器应具有较高的反射比。③为节约电能，灯具满足最低安装高度前提下，降低灯具的安装高度。④高大空间区域设置一般照明方式。对有高照度要求的部位设置局部照明。⑤荧光灯应选用电子镇流器或节约电能的电感镇流器。大开间的场所选用电子镇流器，小开间的房间选用节能的电感镇流器。⑥限制白炽灯的使用量。室外不宜采用白炽灯，特殊情况下也不应超过 100W。⑦荧光灯应选用光效高、寿命长、显色性好的直管稀土三基色细管荧光灯（T8、T5）和紧凑型。照度相同的条件下宜首选紧凑型荧光灯，取代白炽灯。

3. 答：①应根据建筑物的特点、功能、标准、使用要求等性质，对照明系统采用分散、集中、手动、自动等控制方式，进行节能有效地控制。②对于功能复杂、照明环境要求较高的建筑物，宜采用专用智能照明控制系统。③大中型建筑宜采用集中或分散控制；高级公寓宜采用多功能或单一功能的自动控制系统；别墅宜采用智能照明控制系统。④应急照明与消防系统联动，保安照明应与安防系统联动。⑤根据不同场所的照度要求采用分区一般照明、局部照明、重点照明、背景照明等照明方式。⑥对于不均匀场所采用相应的节电开关，如定时开关、接触开关、调光开关、光控开关、声控开关等。⑦走廊、电梯前室、楼梯间及公共部位的灯光控制采用光时控制、集中控制、调光控制和声光控制等。

第十二章 电气动力工程

第一节 吊车滑触线的安装

一、填空题

1. 捯链、桥式吊车
2. 滑触线、开关设备、集电器
3. 平行、工字钢的支架上
4. 50m、沉降、温度
5. 红色的、白炽灯泡
6. 钢丝、焊渣
7. 红丹漆、红色面漆、带电体

二、简答题

1. 答：吊车滑触线的安装程序是：测量定位、支架加工和安装、瓷瓶的胶合组装、滑触线底加工和架设、刷漆着色。

2. 答：滑触线在通电前必须进行绝缘电阻测定。测试前应拆下信号指示灯泡并断开吊车滑触线电源。一般使用兆欧表分别测试三根滑触线对吊车钢轨（相对地）和滑触线间（相与相）的绝缘电阻，其绝缘电阻值不应小于 0.5MΩ。

第二节　电动机的安装

一、填空题

1. 交流电动机、直流电动机
2. 鼠笼式、绕线式
3. 混凝土浇筑、用砖砌筑
4. 地脚螺栓、孔距
5. 1/2、圆沟、基础钢筋
6. 垫片、弹簧垫圈
7. 失压、欠压、过载保护
8. 启动平滑、无冲击、无噪声

二、判断题（正确的打"√"，错误的打"×"）

1. ×　2. √　3. ×　4. √　5. ×

三、单项选择题（将正确答案的序号填入括号内）

1. B　2. C　3. D　4. C

四、简答题

1. 答：电动机的安装程序是：电动机的搬运→安装前的检查→基础施工→安装固定及校正→电动机的接线→电动机的调试。

2. 答：电动机控制设备包括刀开关、开启式负荷开关、铁壳开关、组合开关、低压断路器、熔断器、接触器、继电器。

　　磁力启动器安装前，应根据被控制电动机的功率和工作状态选择合适的型号。其安装工序是：开箱、检查、安装、触头调整、注油、接线、接地。

　　安装软启动器之前，应先仔细检查产品型号、规格是否与电机的功率相匹配。安装时应根据控制线路图正确接线，根据软启动器的容量选择相应规格的动力线。安装完毕可根据实际要求选择启动电流、启动时间等参数。

第三节　电动机的调试

一、填空题

1. 交流工频耐压试验、保护装置的动作试验
2. 空载、2h
3. 2～3、5min

二、简答题

1. 答：电动机的调试内容包括：电动机、开关、保护装置、电缆等一、二次回路调试。试运行完毕应提交相关的技术资料：

(1) 变更设计的实际施工图。

(2) 变更设计的证明文件。

(3) 制造厂提供的产品说明书、检查及试验记录、合格证件及安装使用图样等技术文件。

(4) 安装验收技术记录、签证和电动机抽转子检查及干燥记录。

(5) 调整试验记录及报告。

2. 答：电动机的调试方法：

(1) 电动机在空载情况下做第一次启动，空载运行时间宜为2h，并记录电动机的空载电流。

(2) 电动机的带负荷启动次数，应符合产品技术条件的规定。当产品技术条件无规定时，可使电动机冷态时连续启动2~3次，每次启动时间间隔不小于5min；热态时最多启动一次，除了在处理故障时或启动时间不超过2~3s的电动机可再启动一次。

第十三章　防雷与接地装置安装

第一节　接地和接零

一、填空题

1. 直流接地、安全接地
2. 信号接地、安全接地、功率接地
3. 0.6m、3~5
4. 接地模块焊接点、热浸镀锌扁钢

二、名词解释

1. 正常情况下，为保证电气设备的可靠运行并提供部分电气设备和装置所需要的相电压，将电力系统中的变压器低压侧中性点通过接地装置与大地直接相连，该方式称为工作接地。

2. 为防止电气设备由于绝缘损坏而造成的触电事故，将电气设备的金属外壳通过接地线与接地装置连接起来，这种为保护人身安全的接地方式称为保护接地。

3. 当单相用电设备为获取单相电压而接的零线，称为工作接零。

4. 为防止电气设备因绝缘损坏而使人身遭受触电危险，将电气设备的金属外壳与电源的中性线用导线连接起来，称为保护接零。

5. 线路较长或接地电阻要求较高时，为尽可能降低零线的接地电阻，除变压器低压侧中性点直接接地外，将零线上一处或多处再进行接地，则称为重复接地。

6. 防雷接地的作用是将雷电流迅速安全地引入大地，避免建筑物及其内部电器设备遭受雷电侵害。

7. 由于干扰电场的作用会在金属屏蔽层感应电荷，而将金属屏蔽层接地，使感应电荷导入大地，该方式称屏蔽接地。

三、简答题

1. 答：电气设备发生碰壳短路或电网相线断线触及地面时，故障电流就从电气设备外壳经接地体或电网相线触地点向大地流散，使附近的地表面上和土壤中各点出现不同的电压。如人体接近触地点的区域或触及与触地点相连的可导电物体时，接地电流和流散电阻产生的流散电场会对人身造成危险。接地的连接方式主要有：工作接地、保护接地、工作接零、保护接零、重复接零、防雷接地、屏蔽接地。

2. 答：《建筑电气工程施工质量验收规范》（GB 50303—2002）中要求：建筑物等电位联结干线应从与接地装置有不少于2处直接连接的接地干线或总等电位箱引出，等电位联结干线或局部等电位箱间的连接线形成环行网路，环行网路应就近与等电位联结干线或局部等电位箱连接。支线间不应串联连接。等电位联结的线路最小允许截面为：铜干线 $16mm^2$，铜支线 $6mm^2$；钢干线 $50mm^2$，钢支线 $16mm^2$。

第二节　防雷装置及其安装

一、填空题

1. 直击雷、雷电感应、雷电波侵入
2. 引下线、接地装置
3. 避雷带、避雷网、避雷器
4. 圆钢、扁钢
5. 阀式避雷器、管式避雷器
6. 明敷、暗敷
7. 扁钢、圆钢

二、判断题（正确的打"√"，错误的打"×"）

1. ×　2. ×　3. √　4. ×　5. ×　6. √

三、单项选择题（将正确答案的序号填入括号内）

1. D　2. C　3. B　4. B

四、简答题

答：防雷装置的作用是将雷云电荷或建筑物感应电荷迅速引入大地，以保护建筑物、电气设备及人身不受损害。防雷装置主要由接闪器、引下线和接地装置等组成。接闪器是用来接受雷电流的装置，引下线是将雷电流引入大地的通道，接地装置的作用可使雷电流在大地中迅速流散。

第三节　接地装置的安装

一、填空题

1. 机械强度、耐腐蚀性能
2. 镀锌角钢、圆钢
3. 带型、环型、放射型
4. 接地引线、接地干线
5. 金属外壳、其他金属构架
6. 自然接地体、自然接地线
7. 30、20、10、4
8. 接地电阻测试仪测量法

二、判断题（正确的打"√"，错误的打"×"）

1. ×　2. √　3. √　4. ×　5. √　6. √　7. ×　8. ×

三、单项选择题（将正确答案的序号填入括号内）

1. C　2. C　3. B　4. D　5. B

四、简答题

1. 答：安装人工接地体时，一般应按设计施工图进行。接地体的材料均应采用镀锌钢材，并应充分考虑材料的机械强度和耐腐蚀性能。一般采用镀锌角钢或圆钢制作，垂直接地体每根接地极的水平间距应不小于 5m。安装垂直接地体时一般要先挖地沟，再采用打桩法将接地体打入地沟以下。接地体的有效深度不应小于 2m。接地体按要求打桩完毕后，即可进行接地体的连接和回填土。水平接地体常见的形式有带型、环型和放射型等几种，水平安装的人工接地体，其材料一般采用镀锌圆钢和扁钢制作。采用圆钢时其直径应大于 10mm；采用扁钢时其截面尺寸应大于 100mm^2，厚度不应小于 4mm。其规格参数一般由设计确定。水平接地体所用的材料不应有严重的锈蚀或弯曲不平，否则应更换或矫直。水平接地体的埋设深度一般应在 0.7～1m 之间。

2. 答：接地干线的安装接地干线应水平或垂直敷设（也允许与建筑物的结构线条平行），在直线段不应有弯曲现象。接地干线通常选用截面不小于 12mm×4mm 的镀锌扁钢或直径不小于 6mm 的镀锌圆钢。安装的位置应便于维修，并且不妨碍电气设备的拆卸和检修。接地干线与建筑物或墙壁间应留有 10～15mm 的间隙。水平安装时离地面的距离一般为 250～300mm，具体数据由设计决定。接地线支持卡子之间的距离：水平部分为 0.5～1.5m；垂直部分为 1.5～3m；转弯部分为 0.3～0.5m。设计要求接地的幕墙金属框架和建筑物的金属门窗，应就近与接地干线连接可靠，连接处不同金属间应有防电化腐蚀措施。

3. 答：接地线在穿越墙壁、楼板和地坪处应加套钢管或其他坚固的保护套管，钢套管应与接地线做电气连通。当接地线跨越建筑物变形缝时应设补偿装置。

4. 答：接地支线的连接分为以下几种：
（1）接地支线与干线的连接。
（2）接地支线与金属构架的连接。
（3）接地支线与变压器中性点的连接。
（4）接地支线的穿越与连接

5. 答：自然接地体有以下几种：金属管道、金属结构、电缆金属外皮、水工构筑物等。自然接地线有以下几种：建筑物的金属结构、生产设备的金属结构、配线用的钢管、电缆金属外皮、金属管道等。

6. 答：明敷接地线表面应涂以 15～100mm 宽度相等的绿黄色相间条纹。在每个导体的全部长度上、或在每个区间、或每个可接触到的部位上宜作出标志。当使用胶带时应选择双色胶带，中性线宜涂淡蓝色标志。在接地线引向建筑物内的入口处和在检修临时接地点处，均应刷白色底漆后标以黑色接地符号。

第十四章 智能建筑系统

第一节 共用天线电视系统

一、填空题
1. 建筑物的自动化 BA、通信系统的自动化 CA、办公业务的自动化 OA
2. 接收天线、前端设备、传输设备分配网络
3. 放大器、分配器、分支器
4. 天线安装、系统前端设备安装、线路敷设

5. 塑料胀管、木螺钉
6. 环状、两根
7. 实芯同轴电缆、藕芯同轴电缆
8. 天线系统调试、前端设备调试

二、简答题

1. 答：共用天线电视系统一般由接收天线、前端设备、传输设备分配网络和用户终端组成。接收天线的作用是获得地面无线电视信号、调配广播信号、微波传输电视信号和卫星电视信号。前端设备主要包括天线放大器、混合器、干线放大器等。传输分配网络由线路放大器、分配器、分支器和传输电缆等组成。分支器的作用是将干线信号的一部分送到支线，分支器与分配器配合使用可组成形形色色的传输分配网络。在分配网络中各元件之间均用传输电缆连接，构成信号传输的通路。传输电缆一般采用同轴电缆，可分为主干线、干线、分支线等。主干线接在前端与传输分配网络之间；干线用于分配网络中各元件之间的连接；分支线用于分配网络与用户终端的连接。用户终端又称为用户接线盒，是共用天线电视系统供给电视信号的接线器。

2. 答：共用天线电视系统的安装主要包括天线安装、系统前端设备安装、用户盒安装、系统防雷接地、系统供电、线路敷设、系统调试与验收。

第二节 其他智能建筑系统

一、填空题

1. 火灾探测系统、火灾自动报警系统及消防联动系统、自动灭火系统
2. 消火栓、消防系统、自动喷洒系统
3. 线路放大器、分配器、分支器
4. 气体探测式、复合式
5. 异常温度、温升速率、温差
6. 红外、紫外、可见光
7. 区域报警控制器、集中报警控制器
8. 公共广播系统、厅堂扩声系统
9. 节目源设备、放大和处理设备、传输线路
10. 通信系统、卫星数字电视及有线电视系统、公共广播
11. 电话交换设备、传输系统、用户终端设备
12. 话路系统、中央处理系统、输入输出系统
13. 交换动作的顺序、存储器
14. 分线箱（盒）、交接箱

二、简答题

1. 答：火灾自动报警系统由火灾探测系统、火灾自动报警系统及消防联动系统和自动灭火系统等部分组成。火灾自动报警系统的功能是：自动捕捉火灾检测区域内火灾发生时的烟雾或热气，从而能够发出声光报警，并有联动其他设备的输出接点，能够控制自动灭火系统、事故广播、事故照明、消防给水和排烟系统，实现检测、报警和灭火的自动化。

2. 答：根据火灾探测方法和原理，火灾探测器主要有感烟式、感温式、感光可燃气体探测式和复合式等主要类型。各种类型又可分为不同形式，按其结构造型分类，可分为点型和线型两大类。

（1）感烟火灾探测器感烟火灾探测器用以探测火灾初期燃烧所产生的气溶胶或烟粒子浓度。感烟火灾探测器分为离子型、光电型、电容式或半导体型等类型。

（2）感温火灾探测器感温火灾探测器响应异常温度、温升速率和温差等火灾信号。常用的有定温型—环境温度达到或超过预定值时响应；差温型—环境温升速率超过预定值时响应；差定温型—兼有差温、定温两种功能。

（3）感光火灾探测器感光火灾探测器主要对火焰辐射出的红外、紫外、可见光予以响应，故又称火焰探测器。常用的有红外火焰型和紫外火焰型两种。

（4）可燃气体火灾探测器可燃气体火灾探测器主要用于易燃、易爆场所中探测可燃气体的浓度。可燃气体火灾探测器目前主要用于宾馆厨房或燃料气储备间、汽车库、压气机站、过滤车间、溶剂库、炼油厂、燃油电厂等存在可燃气体的场所。

（5）复合火灾探测器复合火灾探测器可响应两种或两种以上火灾参数，主要有感温感烟型、感光感烟型、感光感温型等。

3. 答：各中报警控制器的作用如下：

（1）区域报警控制器用于火灾探测器的监测、巡检、供电与备电，接收监测区域内火灾探测器的报警信号，并转换为声光报警输出，显示火灾部位等。其主要功能有火灾信号处理与判断、声光报警、故障监测、模拟检查、报警计时备电切换和联动控制等。

（2）集中报警控制器集中报警控制器用于接收区域控制器发送的火灾信号、显示火灾部位和记录火灾信息、协调联动控制和构成终端显示等。主要功能包括报警显示，控制显示、计时、联动连锁控制，信息传输处理等。

4. 答：建筑物的广播音响系统一般可归纳为三种基本类型：公共广播系统、厅堂扩声系统、专用的会议系统。公共广播系统是面向公众区、面向宾馆客房等的广播音响系统，它包括背景音乐和紧急广播功能。厅堂扩声系统是指礼堂、剧场、体育场馆、歌舞厅、宴会厅、卡拉OK厅等的音响系统。专用的会议系统如同声传译系统等。广播音响系统由可用节目源设备、放大和处理设备、传输线路、扬声器系统组成。

5. 答：常用市话电缆有HQ型纸绝缘铅包市话电缆、HYQ型聚氯乙烯绝缘铅包市话电缆。建筑物内的电话干线常采用HPVV型塑料绝缘塑料护套通信电缆。引至电话机的配线通常采用RVS2×0.5塑料绝缘的软绞线。电话线缆的敷设应符合《城市住宅区和办公楼电话通信设施验收规范》YOSO48的有关规定。

第十五章 建筑电气工程施工图

第一节 电气工程施工图

一、填空题

1. 名称、张数、便于查找   2. 设计依据、施工要求

3. 分布、相互联系   4. 粗实线、虚线

5. 穿焊接钢管敷设、穿电线管敷设

6. 灯具套数为24、灯具内有2个灯管，每个灯管为40W、安装高度为2.9m、链吊式安装

7. 3、3、5

二、判断题（正确的打"√"，错误的打"×"）

1. √   2. √   3. ×   4. √

三、绘图题

1. 变压器的图例符号是：

2. 动力或动力—照明配电箱的图例符号是：

3. 照明配电箱（屏）的图例符号是：

4. 熔断器式隔离开关的图例符号是：

5. 花灯的图例符号是：

6. 带接地插孔的三相插座（暗装）的图例符号是：

7. 有功电能表（瓦时计）的图例符号是： Wh

8. 火灾报警控制器的图例符号是： ★

9. 应急疏散指示标志灯的图例符号是： EEL

10. 视频线路的图例符号是： V

11. 略。

四、解释下列文字符号的含义

1. 答：表示有3根截面为$4mm^2$的铝芯橡皮绝缘导线，穿直径为20mm的水煤气钢管沿墙暗敷设。

2. 答：表示3号动力配电箱，其型号为XL-3-2型、功率为35.165kW。

3. 答：表示28套灯具、型号PKY501，灯具内有2个灯管、每个灯管为40W，安装高度为2.6m，管吊式安装。

4. 答：表示6套吸顶灯，灯具内有2个60W的灯泡，吸顶式安装。

五、识图题

1. 答：该住宅照明配电系统由一个总配电箱和6个分配电箱组成。进户线采用4根$16mm^2$的铝芯塑料绝缘线，穿直径为32mm的水煤气管，墙内暗敷。总配电箱引出4条支路，1、2、3支路分别引至5、6分配电箱，3、4分配电箱和1、2分配电箱，所用导线均为3根$4mm^2$铜芯塑料绝缘线穿直径为20mm的水煤气管墙内暗敷。6个分配电箱完全一样。每个分配电箱负责同一层甲、乙、丙、丁4住户的配电，每一住户的照明和插座回路分开。照明线路采用$1.5mm^2$铜芯塑料线；插座线路采用$2.5mm^2$铜芯塑料线，均穿水煤气管暗敷。

2. 答：接待室安装了三种灯具。花灯一盏，装有7个60W白炽灯泡，链吊式安装，安装高度3.5m；3管荧光灯4盏，灯管功率为40W，采用吸顶安装；壁灯4盏，每盏装有40W白炽灯泡3个，安装高度3m；单相带接地孔的插座2个，暗装。总计9盏灯由11

个单极开关控制。会议室装有双管荧光灯 2 盏，灯管功率为 40W，采用链吊安装，安装高度 2.5m，由 2 只单极开关控制；另外还装有吊扇 1 台，带接地插孔的单相插座 1 个。两个研究室分别装有 3 管荧光灯 2 盏，灯管功率 40W，链吊式安装，安装高度 2.5m，均用 2 个单极开关控制；另有吊扇 1 台，单相带接地插孔插座 2 个（暗装）。图书资料室装有双管荧光灯 6 盏，灯管功率 40W，链吊式安装，安装高度 3m；吊扇 2 台；6 盏荧光灯由 6 个单极开关分别控制。办公室装有双管荧光灯 2 盏，灯管功率 40W，吸顶安装，各用 1 个单极开关控制；还装有吊扇 1 台。值班室装有 1 盏单管 40W 荧光灯，吸顶安装；还装有 1 盏半圆球吸顶灯，内装 1 只 60W 白炽灯泡；2 盏灯各自用 1 个单极开关控制。女厕所、走廊和楼梯均安装有半圆球吸顶灯，每盏 1 个 60W 的白炽灯泡，共 7 盏。楼梯灯采用两只双控开关分别在二楼和一楼控制。

3. 答：车间里设有 4 台动力配电箱，即 AL1～AL4。AL1 $\frac{XL-20}{4.8}$ 表示配电箱的编号为 AL1，其型号为 XL-20，配电箱的容量为 4.8kW。由 AL1 箱引出三个回路，均为 BV-3×1.5+PE1.5-SC20-FC，表示 3 根相线截面为 1.5mm^2，PE 线截面为 1.5mm^2，均为铜芯塑料绝缘导线，穿直径为 20mm 的焊接钢管，沿地暗敷设。配电箱引出回路给各自的设备供电，其中 $\frac{1}{1.1}$ 表示设备编号为 1，设备容量为 1.1kW。其余配电箱基本相同。

4. 答：引入配电箱的干线为 BV-4×25+16-SC40-WC；干线开关为 DZ216-63/3P-C32A；回路开关为 DZ216-63/1P-C10A 和 DZ216-63/2P-16A-30mA；支线为 BV-2×2.5-SC15-CC 及 BV-3×2.5-SC15-FC。回路编号为 N1～N13；相别为 AN、BN、CN、BNPE、CNPE 等。配电箱的参数为：设备容量 P_e=8.16kW；需用系数 K_x=0.8；功率因数 $\cos\phi$=0.8；计算容量 P_{js}=6.53kW；计算电流 I_{js}=13.22A。

六、简答题

1. 答：线路的文字标注基本格式为：ab-c(d×e+f×g)i-jh。

其中 a 表示线缆编号；b 表示型号；c 表示线缆根数；d 表示线缆线芯数；e 表示线芯截面（mm^2）；f 表示 PE、N 线芯数；g 表示线芯截面（mm^2）；i 表示线路敷设方式；j 表示线路敷设部位；h 表示线路敷设安装高度（m）。上述字母无内容时则省略该部分。

2. 答：配电箱的文字标注格式为：a-b-c 或 a$\frac{b}{c}$。其中 a 表示设备编号；b 表示设备型号；c 表示设备功率（kW）。

3. 答：照明灯具的文字标注格式为：a-b$\frac{c \times d \times L}{e}$f。其中 a 表示同一个平面内，同种型号灯具的数量；b 表示灯具的型号；c 表示每盏照明灯具中光源的数量；d 表示每个光源的容量（W）；e 表示安装高度，当吸顶或嵌入安装时用"-"表示；f 表示安装方式；L 表示光源种类（常省略不标）。

第二节　智能建筑电气工程施工图

一、填空题

1. 火灾自动报警系统、火灾自动报警平面
2. 设备、元件

3. 共用天线电视系统、共用天线电视平面
4. 电话通信系统、电话通信平面

二、绘图题

1. 感光火灾探测器的图例符号是：△

2. 气体火灾探测器（点式）的图例符号是：∝

3. 缆式线型定温探测器的图例符号是：CT

4. 感温探测器的图例符号是：↓

5. 手动火灾报警按钮的图例符号是：Y

三、识图题

1. 答：由图可知在各层均装有感烟、感温探测器及手动报警按钮、报警电铃、控制模块、输入模块、水流指示器、信号阀等。一层设有报警控制器为 2N905 型，控制方式为联动控制。地下室设有防火卷闸门控制器，每层信号线进线均采用总线隔离器。当火灾发生时报警控制器 2N905 接收到感烟、感温探测器或手动报警按钮的报警信号后，联动部分动作，通过电铃报警并启动消防设备灭火。

2. 答：由图可知，从前端箱系统分四组分别送至一号、二号、三号、四号用户区。其中二号用户区通过四分配器将电视信号传输给四个单元，采用 SYKV-75-9 同轴电缆传输，经分支器把电视信号传输到每层的用户。

3. 答：由图可知电话进户 HYA200×（2×0.5）S70 由市政电话网引来，电话交接箱分三路干线，干线为 HYA50×（2×0.5）S40 等，再由电话支线将信号分别传输到每层的电话分线盒。

第三节 变配电工程图

一、填空题

1. 高压配电干线
2. 低压配电干线

二、识图题

1. 答：由图可知，该变电所两路 10kV 高压电源分别引入进线柜 1AH 和 12AH，1AH 和 12AH 柜中均有避雷器。主母线为 TMY－3（80×10）。2AH 和 11AH 为电压互感器柜，作用是将 10KV 高电压经电压互感器变为低电压 100V 供仪表及继电保护使用。3AH 和 10AH 为主进线柜；4AH 和 9AH 为高压计量柜；5AH 和 8AH 为高压馈线柜；7AH 为母线分段柜。正常情况下两路高压分段运行，当一路高压出现停电事故时则由 6AH 柜联络运行。

2. 答：由图可知，低压配电系统由 5AA 号柜和 6AA 号柜组成。5AA 号柜的 WP22～WP27 干线分别为 1～16 层空调设备的电源，电源线为 VV－4×35＋1×16。WP28 及 WP29 为备用回路。6AA 号柜的 WP30 干线采用 VV－3×25＋2×16 电力电缆

引至地下人防层生活水泵。WP31 电源干线为 BV-3×25+2×16—SC50，引至 16 层电梯增压泵。WP32 和 WP33 为备用回路。WP02 为电源引入回路，电源线为 2（VV-3×185+1×95），电源一用一备。

3. 答：由图可知，配电所高压 10kV 电源分 WL1、WL2 两路引入。高压进线柜为 GG-1A（F）-11 型，高压主母线 LMY—3（40×4）。高压隔离开关 GN6-10/400 作分段联络开关。电压互感器柜为 GG-1A（F）-54 型，6 台高压馈电柜为 GG-1A（F）-03 型，引出 6 路高压干线分别送至高压电容器室；1、2、3 号变电所；高压电动机组。变压器将 10kV 高压变为 400V 低压。低压进线柜 AL201 号（PGL2-05A 型）和 AL207 号（PGL2-04A 型），并由它们送至低压主母线 LMY-3（100×10）+1（60×6），两路低压电源可分段与联络运行。由低压馈线柜 AL202 号（PGL2-40 型）引出 4 路低压照明干线；AL203 号（PGL2-35A 型）、AL205 号（PGL2-35B 型）、AL206 号（PGL2-34A 型）柜分别引出了 4 路低压动力干线；AL204 号（PGL2-14 型）柜引出了 2 路低压动力干线。

三、简答题

答：变配电工程图是建筑电气施工图的重要组成部分，主要包括变配电所设备安装平面图和剖面图；变配电所照明系统图和平面布置图；高压配电系统图、低压配电系统图；变电所主接线图；变电所接地系统平面图等。